室内透视图解课

[日本] 中山繁信　著

罗远鹏　译

江苏凤凰科学技术出版社 · 南京

SUKETCHI KANKAKU DE INTERIAPAASU GA KAKERU HON
Copyright©2019 中山繁信
Chinese translation rights in simplified characters arranged with
SHOKOKUSHA Publishing Co.,Ltd.
through Copyright Agency of China ltd.,Beijing

江苏省版权局著作权合同登记　图字:10—2022—226

图书在版编目（ＣＩＰ）数据

室内透视图解课 ／（日）中山繁信著 ；罗远鹏译
. —— 南京 ：江苏凤凰科学技术出版社 ，2022.12
ISBN 978-7-5713-3267-9

Ⅰ．①室… Ⅱ．①中… ②罗… Ⅲ．①室内装饰设计
－建筑制图 Ⅳ．① TU238.2

中国版本图书馆 CIP 数据核字 (2022) 第 199894 号

室内透视图解课

著　　　者	[日] 中山繁信
译　　　者	罗远鹏
项 目 策 划	凤凰空间/罗远鹏
责 任 编 辑	赵　研　刘屹立

出 版 发 行	江苏凤凰科学技术出版社
出版社地址	南京市湖南路1号A楼，邮编：210009
出版社网址	http://www.pspress.cn
总 经 销	天津凤凰空间文化传媒有限公司
总经销网址	http://www.ifengspace.cn
印　　刷	北京博海升彩色印刷有限公司

开　　本	889 mm×1194 mm　1/32
印　　张	4.5
字　　数	120千字
版　　次	2022年12月第1版
印　　次	2022年12月第1次印刷

标 准 书 号	ISBN 978-7-5713-3267-9
定　　价	59.80元

图书如有印装质量问题，可随时向销售部调换（电话：022-87893668）。

前言

"让室内透视图画起来更加得心应手吧！"

感谢大家对本书的姊妹篇《空间透视图解课》的喜爱与好评。前著主要以街巷、建筑物等空间构图为介绍对象。我认为，透视图与设计图、模型一样都是有助于更好理解建筑设计的工具。我撰写前著的初衷，原是为了让学生掌握绘图技巧，以便更好地表现自己的设计。但没想到，也受到了非建筑领域读者的喜爱，例如漫画家等，这对我来说确实是意外之喜。

本书以室内透视图的绘制技巧为主要内容，同时还介绍了用轴测投影图来展现室内空间的方法。轴测图如同魔法一般，即使是绘画能力不佳的人，只要掌握了轴测图的绘制方法，也能很好地表现室内空间。此外，对于不擅长上色的读者，我还在本书中介绍了自己平时上色的小技巧，希望帮助大家掌握彩铅、色粉笔和马克笔的使用方法。

近年来，随着住宅改造案例的增多，一些事务所也开始重视员工关于室内透视图的绘制技术与能力。虽然用电脑可以快速画出一幅3D透视图，但用速写绘制透视图时，只要有纸和笔便能立刻画出自己的构思。在向客户或领导介绍方案时，若能提笔就画出自己的室内设计构想，一定能获得更深的信赖。

所以请务必读完本书，唤醒自己的绘画才能，画出富有个人风格的室内透视图。

中山繁信

目录

第一章　透视图与轴测投影图概述

第二章　绘制室内透视图

第三章　绘制室内轴测投影图

第四章　绘制背景与装饰物

第五章 透视图上色

第一章

透视图与轴测投影图概述

一、透视图与轴测投影图的不同

1. 什么是透视图

　　假设我们在建筑物与观看者之间设置一个如幕布一样的投影面,投射在投影面上的图像便是透视图。但在现实中是无法直接在架设的幕布上绘制的,而由这一理论所产生的绘图方法便是本书要介绍的主要内容。因为是透过幕布看到另一侧再进行绘制,所以被称为透视图(perspective drawing)。

　　将相同大小的物体排列摆放,距离越远的物体看起来越小,越近的看起来越大,这便是透视图的"远近法"。若将物体由近到远连续摆放,在最远处的看起来会缩小为一个点,这个点被称为消失点(vanishing point),是绘制透视图时的基准点。

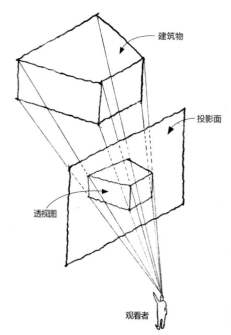

建筑物

投影面

透视图

观看者

投射在建筑物与观看者之间投影面上的图像就是透视图。

2. 什么是轴测投影图

能表现物体立体感的图像,除了透视图还有平行投影图。平行投影图是指将物体各面由平行光线照射后,投射在画面上所绘制出的图。平行投影图由表现物体的长、宽、高的三个立面共同组成一个立体图形,其中最具代表性的便是轴测投影图。与透视图不同,轴测投影图没有消失点,可以将物体按一定比例表现在图中,并可以标记比例尺。

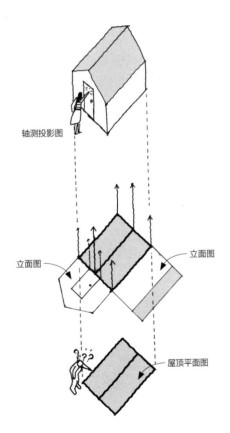

轴测投影图

立面图

立面图

屋顶平面图

轴测投影图是由平面图加两个立面图构成的立体图像。图例中房屋的轴测投影图,便是由屋顶平面图加两个墙面的立面图构成的。

3. 透视图与轴测投影图的表现特征

透视图是将所见景物原封不动地呈现在纸上的表现形式。很多室内透视图是以第一人称视角来展现画面的,进入视野的物品都会呈现在画面中,但这一室内空间仅能表现出三面墙壁、天花板和地面。同时因为"近大远小"的原理,也无法得到物体实际的尺寸比例,绘制时难度也会增加。所以,在绘制时要善于使用消失点。

轴测投影图则是由三个不同方向上的面组成的,不会产生令人身临其境的画面,但会表现出从上往下俯视的构图。所画的室内空间能表现出两面墙壁和地面平面,画面内不会有消失点,也就没有"近大远小"的变化。因其是通过平面图和立面图绘制而来的,所以尺寸没有变化,较容易绘制。

室内透视图

常见的室内透视图,带有一个消失点,可以表现出三面墙壁和天花板以及部分地面。

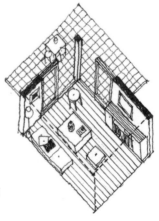

室内轴测投影图

图中没有消失点,可以表现出两面墙壁和地面平面。

二、透视图的种类

　　有消失点的透视图原则上可以分为三类，即一点透视图、两点透视图和三点透视图。因为空间是三维的，所以会有表现深度、宽度、高度的三个消失点。

　　在这三种透视图中，本书主要介绍最简单的一点透视图的画法。因为掌握一点透视图的画法在室内设计时便已经够用了。

透视图分为一点透视图、两点透视图、三点透视图

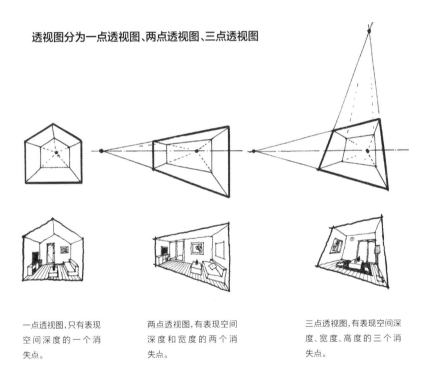

一点透视图，只有表现空间深度的一个消失点。

两点透视图，有表现空间深度和宽度的两个消失点。

三点透视图，有表现空间深度、宽度、高度的三个消失点。

三、投影图的种类

投影图也分为多个种类,虽然表示深度、宽度、高度的线都是平行绘制的,但各平行线的角度不同时,画法也会有所区别。本书介绍了最为常用的三种画法,大家可以根据自己的需求选择适合的画法。

1. 轴测投影图(axonometric projection drawing)

将平面图倾斜后,直接画出平行的高度来表现立体感。平面图的角度可随意选择,但最好为左右均为 45° 或分别为 30° 和 60°。

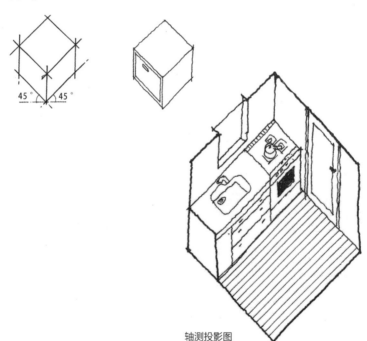

轴测投影图

2. 正等轴测图（isometric projection drawing）

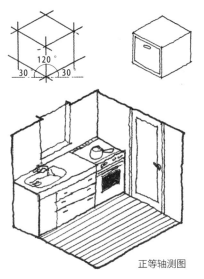

平面图与地平线的夹角为30°，图中两个菱形的夹角为120°。这些角度在原则上是固定的。平面图分割为菱形后绘制较为困难（参考第96页），视觉上看起来比轴测投影图更贴近现实物体是这一画法最大的特点。

正等轴测图

3. 斜等轴测图（cavalier projection drawing）

斜等轴测图与前两种画法的不同之处在于，其是以表现空间高度的立面图为基础画出的，前两者是以平面图为基础。通过立面图表现深度的线条角度会影响整体的视角（参考第88页）。

从严格意义上来讲，斜等轴测图并不属于投影图这一种类，但其是表现室内空间的重要方法之一，本书也将其归入投影图这一分类。

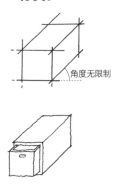

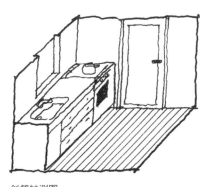

斜等轴测图

四、轴测投影图的特征

轴测投影图是一种简单的绘图方法,有着多种特征。

1. 各深度线、宽度线、高度线相互平行,没有消失点

因为表现空间深度、宽度、高度的线是平行绘制的,所以轴测投影图中没有消失点,形成了俯视的构图。

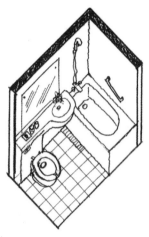

去掉两面墙壁与天花板的轴测投影图。

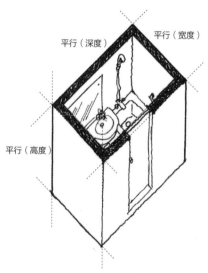

平行(深度)　平行(宽度)

平行(高度)

去掉天花板的轴测投影图。

2. 远近物体，大小相同

正常情况下，大家都知道通过"近大远小"来表现画面的远近感。但轴测投影图中不论物体远近，大小都是相同的。

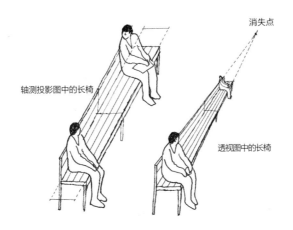

3. 可以配合比例尺使用

在画建筑时，图纸是根据实际比例缩小而成，可根据比例尺表现其比例关系。轴测投影图由于是通过平面图和立面图画出的，可以表现比例关系。透视图中则不存在比例关系，所以无法表现准确的比例。

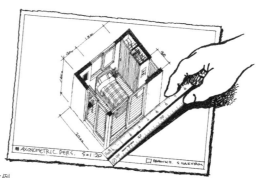

轴测投影图可直接用尺子和比例尺测出实际尺寸。

第二章

绘制室内透视图

一、确定构图的方法

在透视图中，因为构图随着消失点的变化而改变，所以在绘制前要根据想要表现的墙面、地面和天花板来确定消失点的位置。基本上将其取在室内空间的中央位置（房间中央），与人物视线高度一致。

如下图所示，若想突出表现地面部分，则可将消失点上移；想突出表现右侧墙壁时，则将消失点左移。

在室内透视图中，比起天花板部分，将放置家具等物件的地面突出表现的情况更普遍。

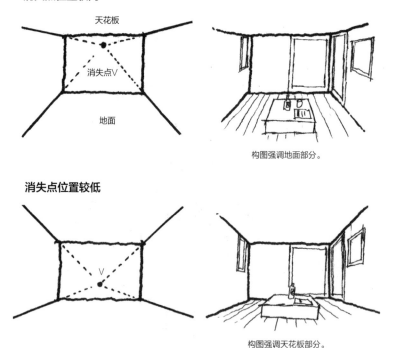

消失点位置较高

天花板

消失点V

地面

构图强调地面部分。

消失点位置较低

V

构图强调天花板部分。

消失点位置偏左

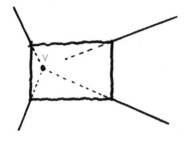 

构图强调右侧墙壁部分。

消失点位置偏右

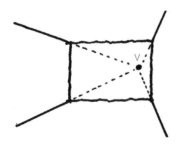 

构图强调左侧墙壁部分。

二、从立面图开始画

在绘制室内透视图时，需要提前确定想要表现的面。透视图可以表现出立体空间六个面中的五个，所以需要我们确定正面和左右两个墙面的立面图（参照第77页），以及天花板和地面的平面图。

为了让大家更好地理解画法，先以正方体空间的透视图为例，来绘制简单的室内透视图吧。

1. 绘制平面图与三面墙壁的立面图

先画一个容易画的正方体空间。

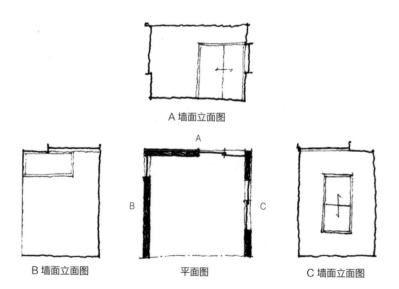

A 墙面立面图

B 墙面立面图   平面图   C 墙面立面图

2. 在平面图中画出网格线

将平面图的纵向和横向四等分。画出的网格线有助于后续确定门窗等开口处的位置。

平面图

3. 绘制 A 墙面立面图, 确定消失点位置

消失点应与人物的视线高度一致, 并取在房间左侧, 从而可以强调右侧的墙壁和窗户。

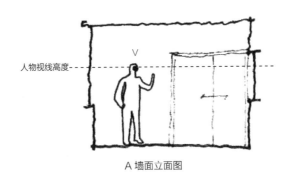

人物视线高度

A 墙面立面图

4. 画出表示空间深度的线

将消失点 V 与 A 墙面立面图上各个顶点相连,并画出延长线。

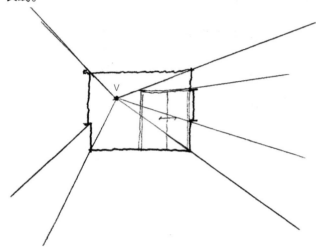

5. 确定室内空间的深度

由于房间为正方体,可以在使地面看起来呈正方形的位置画线,本例中 B 线更合适。

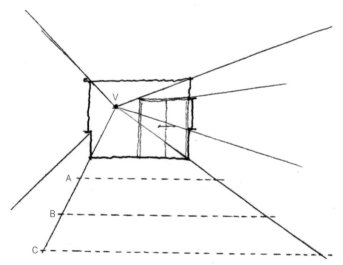

6. 确定地面

正方形室内空间在透视图中的样子。

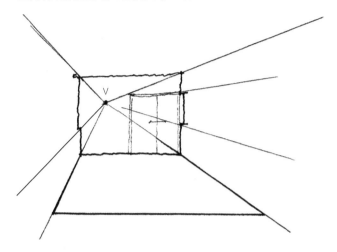

7. 在地面上绘制网格线

将地面宽度四等分后,画出延长线与消失点相连,并画出对角线。

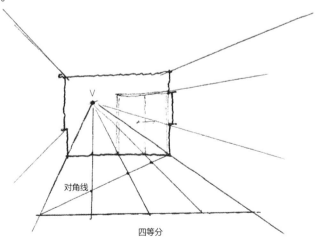

8. 绘制好地面网格线后,绘制墙面

　　与消失点相连的四条延长线与对角线相交形成交点,根据交点画出相互平行的直线便完成了。

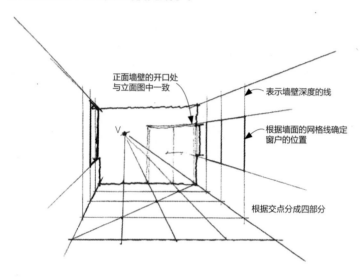

正面墙壁的开口处
与立面图中一致

表示墙壁深度的线

根据墙面的网格线确定
窗户的位置

根据交点分成四部分

V

9. 绘制窗框和画框

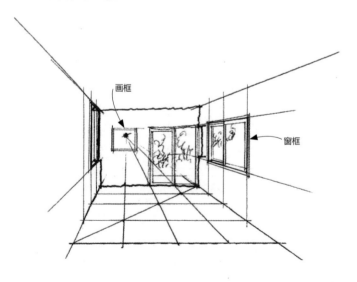

画框

窗框

10. 进一步画出窗框等的细节,清除辅助线

绘制透视图时,清理画面的方法有两种。第一种是用制图笔描线后,用橡皮擦除画面中的辅助线。第二种是在草图上铺描图纸,在描图纸上画出清楚干净的图(参照第 82 页)。

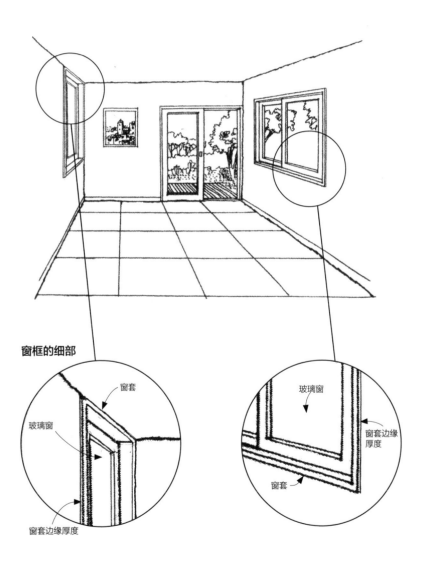

窗框的细部

窗套

玻璃窗

窗套边缘厚度

玻璃窗

窗套边缘厚度

窗套

分段绘制墙壁

下面将介绍透视图中网格线的绘制方法。

将深度按照下图中等分是错误的,因为透视图中的物体"近大远小",在空间深度中,近处较宽,远处较窄。只要大家善用对角线,便能在分割空间深度时营造出正确的远近感。

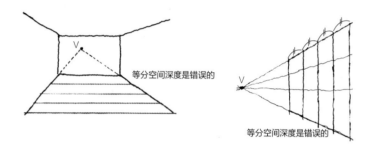

等分空间深度是错误的

等分空间深度是错误的

墙面部分的正确分割方法

分成两部分

在对角线的交点处画垂线,将空间深度分割成两个梯形。

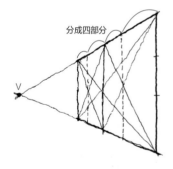

分成四部分

在两个梯形中再分别画出对角线,并在对角线交点处画出垂线,将空间深度分割成四个梯形。

地面部分的正确分割方法

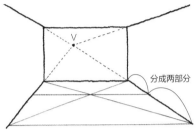

在对角线的交点处画水平线,将空间深度分割成两个梯形。

分成两部分

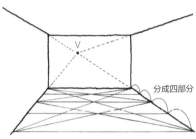

在两个梯形中再分别画出对角线,并在对角线交点处画出水平线,将空间深度分割成四个梯形。

分成四部分

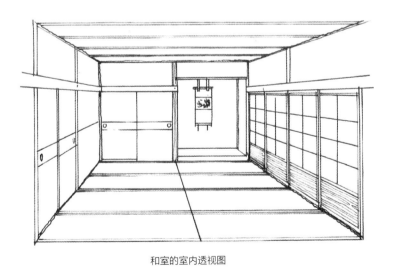

和室的室内透视图

三、从剖面图开始画

　　根据物体的剖面图画出的透视图叫作剖面透视图。其可以通过眼前建筑的切口部分，表现建筑高度与室内空间的关系。

　　在绘制时不必先详细绘制墙面和天花板，可以边画透视结构边进行绘制。透视图中的室内空间不是先设计并确定好就直接画出的，而是边画边修改调整完成的。

剖面透视图的最终效果

1. 画出平面图与剖面图的大体轮廓

为了方便起见,我们将房间画成正方形,并画出网格线进行分割。分割数量没有限制,范例中分成了 3×3 的九个方格。

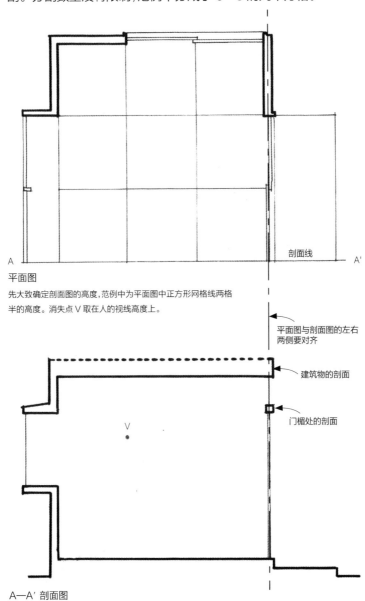

A   剖面线   A'

平面图

先大致确定剖面图的高度,范例中为平面图中正方形网格线两格半的高度。消失点 V 取在人的视线高度上。

平面图与剖面图的左右两侧要对齐

建筑物的剖面

门楣处的剖面

V

A—A′ 剖面图

2. 将消失点与剖面图的四角相连接

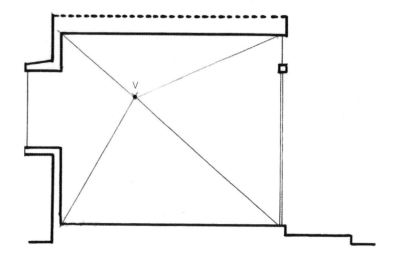

3. 确定空间深度

画出合适的线以确定空间深度,为了使地面看起来像一个正方形,我们选择范例中的 B 线。

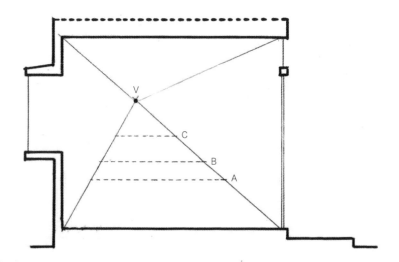

4. 画出地面

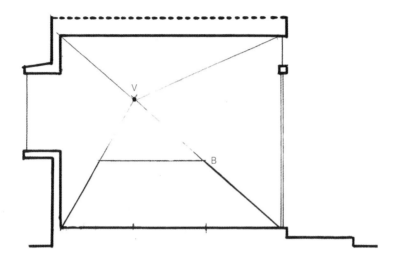

5. 绘制地面部分的竖线

　　根据空间宽度,将地面三等分,并将分割点和门楣、窗框处各个角与消失点画线连接。

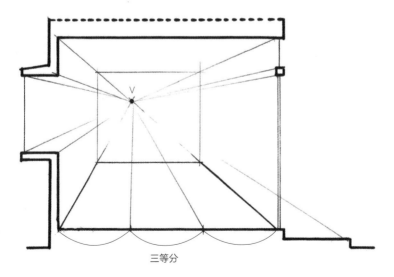

三等分

6. 绘制地面部分的横线

连接地面的对角线，与竖线相交得到两个交点。过交点画平行的横线，画出网格线。根据网格线与墙面的交点画竖线，将墙面分成三部分，表现空间感。

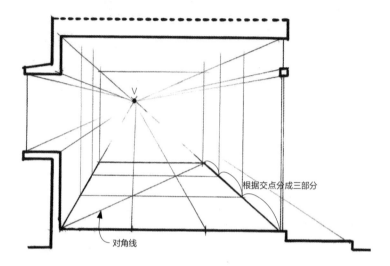

根据交点分成三部分

对角线

7. 根据平面图绘制开口部分

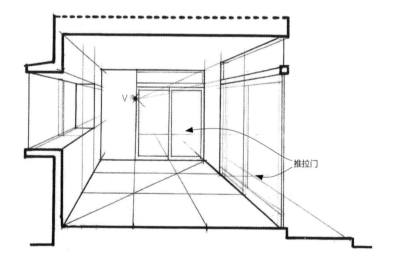

推拉门

8. 绘制门窗

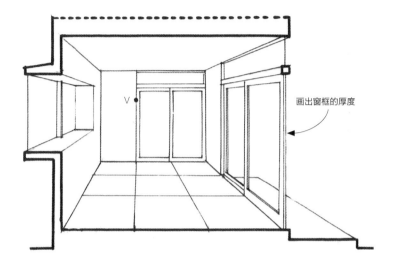

画出窗框的厚度

9. 画出摆件和窗外的风景，擦除辅助线

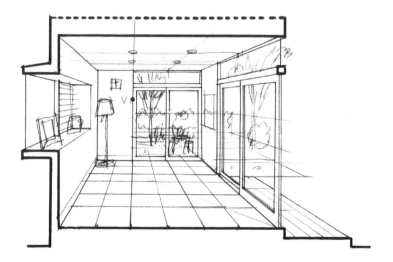

剖面透视图中常见的错误

在绘制多层或有多个房间的住宅剖面透视图时,若每个房间都有各自的消失点,则所绘的透视图是错误的。无论住宅有几层,有多少个房间,住宅的消失点只有一个。

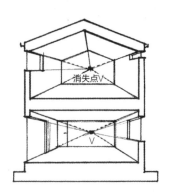

错误的透视图:每层或每个房间有各自的消失点。

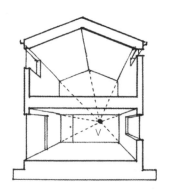

正确的透视图 1:仅有一个消失点位于一层。

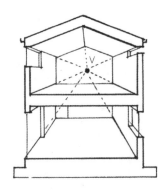

正确的透视图 2:仅有一个消失点位于二层。

四、绘制家具

　　与室内空间相配套的家具是住宅中必不可少的。同样，在绘制室内透视图时家具也是不可或缺的，所以请大家一定要掌握其绘制方法。范例中绘制的家具有落地灯、餐桌、书架和摆放有花盆的装饰架。将房间设置为可以轻松确定空间深度的正方形后，就来绘制平面图中的家具吧。

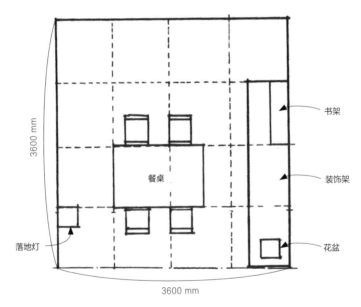

设定好家具的室内平面图。

1. 在平面图中绘制正方形网格线

在绘制透视图时,先不画家具轮廓,要先画出地面部分的平面图。

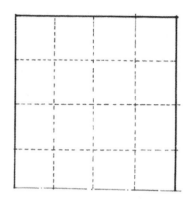

日本的建筑和建材都以 900 mm 或 1800 mm 为基本单位,所以将网格宽度设定为 900 mm,绘制时更方便。

如第 29 页的平面图所示,房间的实际尺寸为 3600 mm × 3600 mm,所以空间深度与宽度都可四等分,每一格的边长实际长度为 900 mm。

在房间平面图中绘制网格线。

2. 在立面图中确定消失点,画出左右两面墙壁

先画出远处正面墙壁的立面图,设置天花板高度为 2400 mm,并确定消失点的适当位置。将消失点与立面图的四角相连,画出左右墙壁线,并擦除立面图内多余的线条。

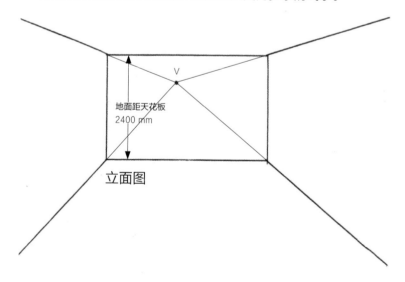

V

地面距天花板
2400 mm

立面图

3. 绘制确定空间深度的线

为了使房间地面部分看起来像正方形,画出合适的水平线,确定空间深度。

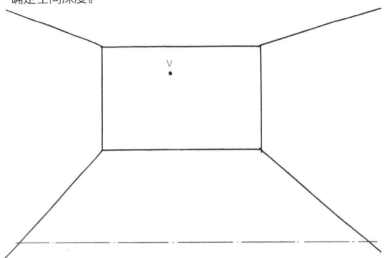

4. 绘制地面部分的正方形网格线

根据地面宽度,将其四等分,并将分割点与消失点相连,接着画出对角线。然后画出网络线,绘制步骤可参照第 26 页步骤 6。

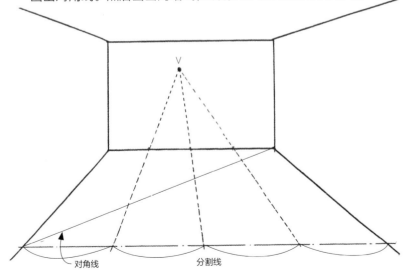

对角线   分割线

5. 在立面图中画出家具的高度

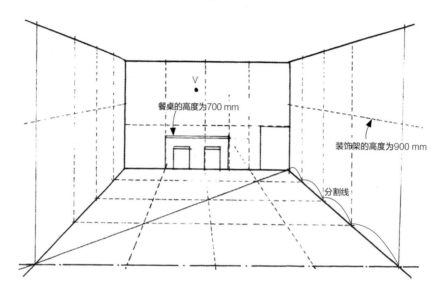

餐桌的高度为700 mm

装饰架的高度为900 mm

分割线

6. 在地面和墙壁上画出家具的位置

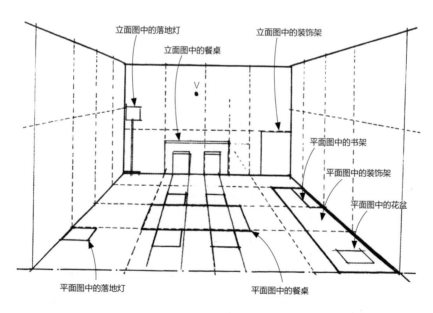

立面图中的落地灯

立面图中的餐桌

立面图中的装饰架

平面图中的书架

平面图中的装饰架

平面图中的花盆

平面图中的落地灯

平面图中的餐桌

7. 画出家具的轮廓

根据步骤 5、步骤 6 画出家具的大致轮廓。

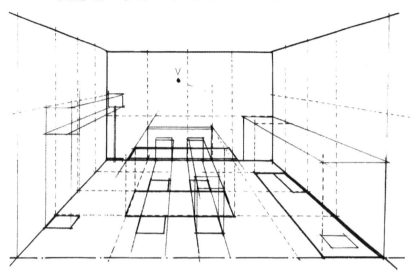

8. 细化家具具体形状

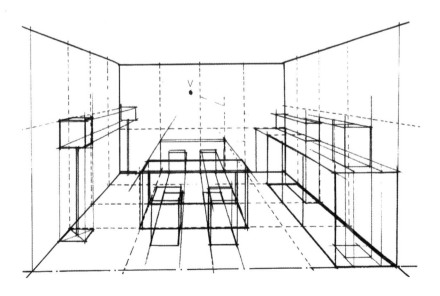

9. 用制图笔描出空间轮廓和家具轮廓后，擦除辅助线

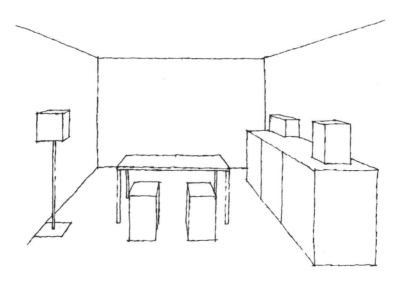

10. 画上摆件和窗外的风景

最后画出门窗、花园、庭院的风景等，一幅有空间深度的透视图就完成了。

墙上悬挂的画

装饰架内收纳的物品

五、绘制倾斜的墙壁

　　无论在建筑设计还是室内设计中,都不会出现与周围平面绝对垂直的墙面或家具。当空间中出现倾斜的物体时,其透视图中则会出现两个消失点。虽然透视图内存在两个消失点,但室内空间整体上只有一个消失点,所以仍然是一点透视。

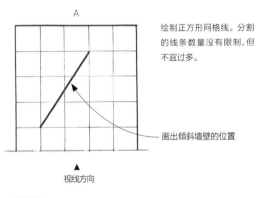

A

绘制正方形网格线。分割的线条数量没有限制,但不宜过多。

画出倾斜墙壁的位置

▲
视线方向

平面图

1. 绘制立面图 A

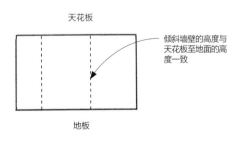

天花板

倾斜墙壁的高度与天花板至地面的高度一致

地板

立面图 A

2. 确定消失点的位置

确定消失点的合适位置后,将立面图中各个顶点与消失点 V_1 连接,并画出延长线,得到左右两面墙壁。

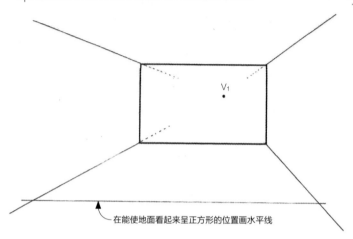

在能使地面看起来呈正方形的位置画水平线

3. 在地面上画出纵向的分割线

根据地面的宽度,将其五等分,并与消失点 V_1 连接,画出对角线。

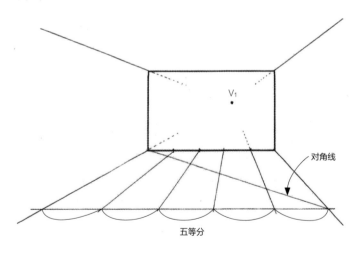

对角线

五等分

4. 在地面上画出横向的分割线

在对角线与纵向分割线的交点处画水平线,画出正方形网格线。

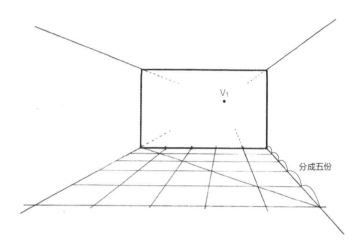

V_1

分成五份

5. 在地面上画出倾斜墙壁的位置,确定倾斜墙壁的消失点

在平面图中画出表示倾斜墙壁的线段 AB。延长线段 AB,与过 V_1 点的水平线相交,得出倾斜墙壁的消失点 V_2。

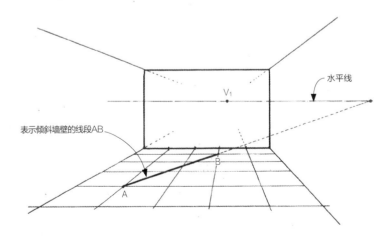

V_1

水平线

表示倾斜墙壁的线段AB

B

A

6. 确定倾斜墙壁的高度

为了确定倾斜墙壁的高度,取线段 AB 延长线与正面墙壁的交点 C,画垂线得 D 点。连接 C、D 点,则得到倾斜墙壁在透视图中的高度。接着过 A、B 两点分别画出倾斜墙壁两端的垂线。

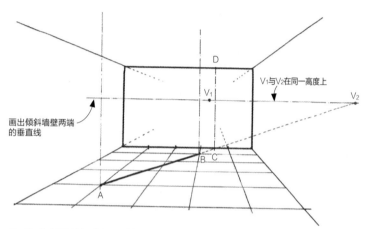

7. 确定倾斜墙壁与天花板相接的部分

连接 V₂、D 点并画出延长线,得到倾斜墙壁的上边,分别与倾斜墙壁两端的垂直线交于 E、F 点,线段 EF 便是倾斜墙壁与天花板相接的部分。

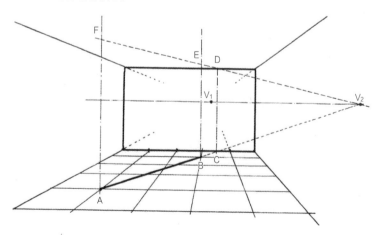

8. 擦除辅助线

画出墙壁后将辅助线擦除。

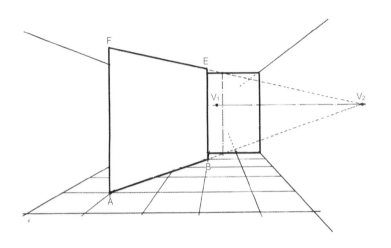

9. 绘制室内装饰物的草图

墙壁及其所挂装饰画的消失点都为点 V_2，因为构图中有两个消失点，所以在绘制其他室内物件时要格外注意。

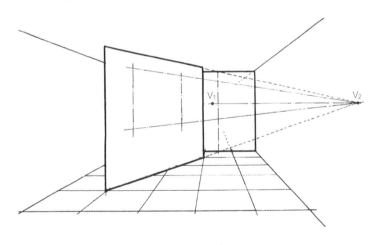

10. 绘制门窗

在左侧墙壁上画出推拉门,在正面墙上画出半面腰窗。还可以在倾斜墙壁上画出强调斜度的线,这些线都交于消失点 V_2。

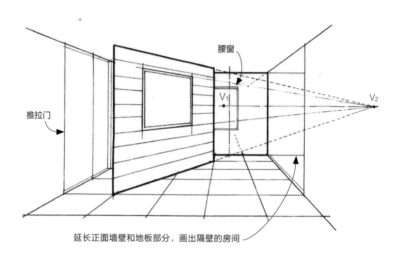

延长正面墙壁和地板部分，画出隔壁的房间

11. 画出室内摆件和室外风景

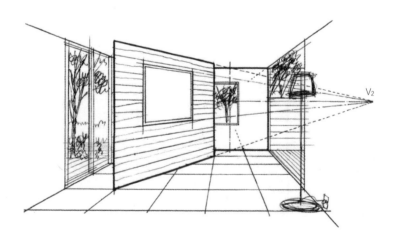

12. 擦除辅助线

绘制树木时可以选用自己喜欢的植物
图片（参照第102、第111页）

六、绘制曲面墙壁

与倾斜墙壁的绘制方法相同,可以在正方形网格线中画出曲面墙壁的位置。

画出空房间后,可以一边想一边画上门窗、家具等。刚开始画时肯定不会考虑得面面俱到,可以试着从墙上的挂画或窗户等相对简单的物件开始画。

A

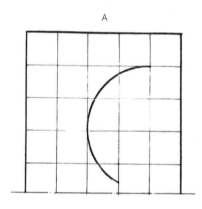

平面图

在平面图中画出正方形网格线。分割的线条数量没有限制,但必须分割出正方形。

天花板

曲面墙壁的高度与天花板至地面的高度一致

地面

立面图 A

1. 确定消失点位置,画出正方形网格线

　　确定消失点的合适位置。根据地面的宽度将其五等分将地面部分画出正方形网格线。

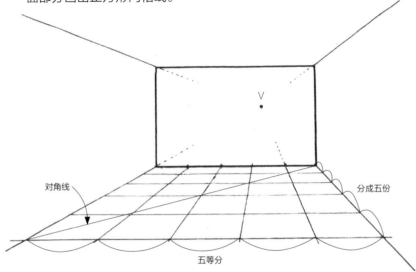

对角线

分成五份

五等分

2. 在墙面和天花板上画出纵向的分割线

　　根据地面上的正方形网格线画出墙面和天花板上的分割线。

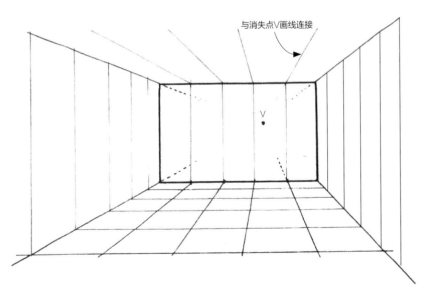

与消失点V画线连接

3. 在天花板上画出横向的分割线

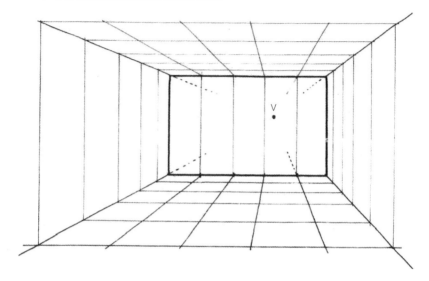

4. 确定地面与天花板上曲面墙壁的位置

一边参考着平面图,一边标出曲面墙壁与地面和天花板网格线相交的点。

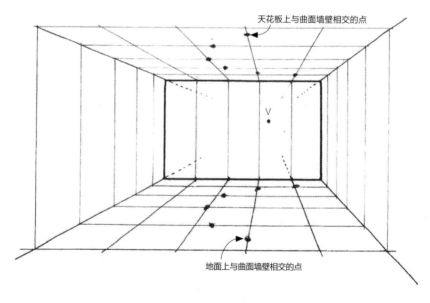

天花板上与曲面墙壁相交的点

地面上与曲面墙壁相交的点

5. 连接各点,画出曲面墙壁的弧线

将标出的各点用平滑的弧线连接。

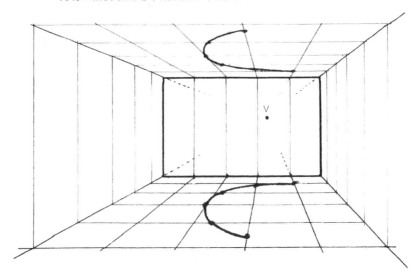

6. 连接上下弧线,画出墙壁

画出正确的弧线位置后,画垂线将上下连接起来。

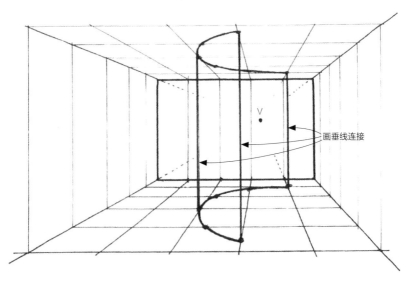

画垂线连接

7. 擦除辅助线

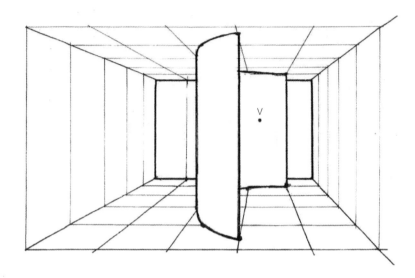

8. 画出家具、摆件和室外风景

在曲面墙壁右侧画上椅子，表现出墙面的半透明感。

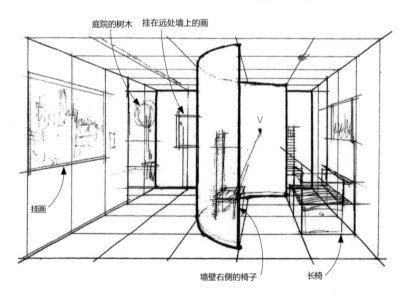

庭院的树木　挂在远处墙上的画

挂画

墙壁右侧的椅子　　长椅

9. 擦除辅助线完成绘制

　　室外风景能提升室内空间的宽敞感,再画上被墙壁遮挡的家具和挂画,强调了墙壁后的空间。一幅极具深度感的透视图就完成了。

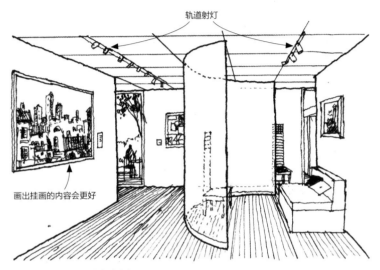

轨道射灯

画出挂画的内容会更好

酷似一个小型画廊的室内空间

七、绘制楼梯

在很多住宅中,楼梯和挑空是位于同一空间内的。室内透视图中也会经常画这一部分。本节将以一段台阶数不多的楼梯为例,介绍其画法。

让我们从楼梯的平面图与正立面图画起吧。

1. 绘制平面图与正立面图

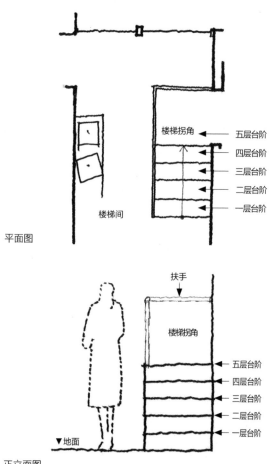

平面图

正立面图

2. 确定室内空间的消失点，画出透视图中楼梯的平面图

首先确定室内空间与楼梯的消失点 V_1，然后画出合适的楼梯深度，消失点越近楼梯越陡，消失点越远楼梯越缓。

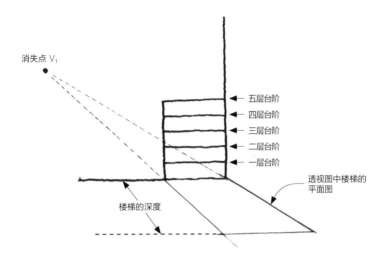

消失点 V_1

五层台阶
四层台阶
三层台阶
二层台阶
一层台阶

透视图中楼梯的平面图

楼梯的深度

3. 绘制楼梯踢面线

这里画出的踢面线可以表示楼梯各台阶的高度。

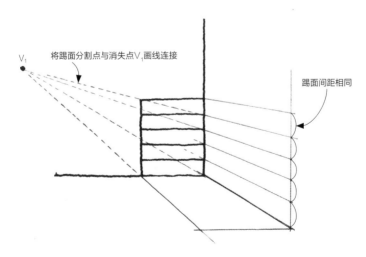

V_1

将踢面分割点与消失点V_1画线连接

踢面间距相同

4. 画出带有踢面线的楼梯体块

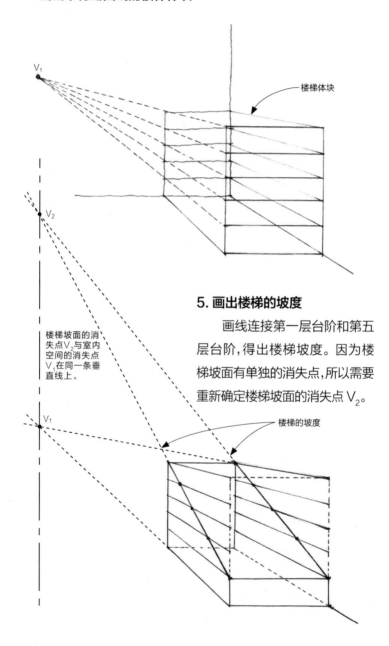

楼梯体块

楼梯坡面的消失点V₂与室内空间的消失点V₁在同一条垂直线上。

V_1

V_2

V_1

5. 画出楼梯的坡度

画线连接第一层台阶和第五层台阶，得出楼梯坡度。因为楼梯坡面有单独的消失点，所以需要重新确定楼梯坡面的消失点 V_2。

楼梯的坡度

6. 绘制踢面与踏面

先确定楼梯坡度线与踢面线的交点,然后过交点画垂线,再画水平线,从而画出踢面和踏面,踏面就是楼梯上落脚的平面。

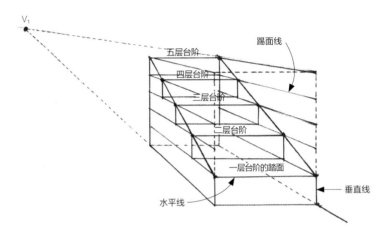

7. 擦除辅助线,绘制楼梯拐角

画出合适的楼梯拐角深度。

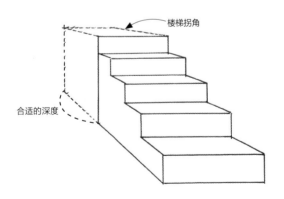

8. 为楼梯间营造氛围

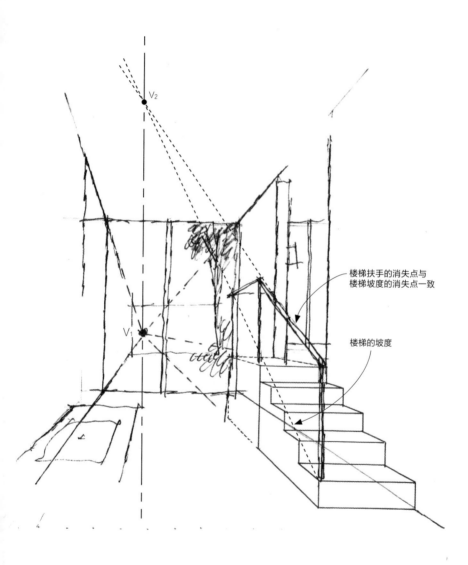

楼梯扶手的消失点与
楼梯坡度的消失点一致

楼梯的坡度

9. 擦除图中的辅助线

带有楼梯的室内透视图

八、绘制倾斜的天花板

我们一般认为住宅的天花板是水平的,但也有一些倾斜的情况。在绘制倾斜天花板时总担心画不好,若我们掌握了绘制技巧,便能轻松画出。

视角在山墙面(Ａ)一侧时,倾斜天花板的坡度可以原封不动地表现出来,只需在天花板上画出平行的斜线便可。视角在纵墙面(Ｂ)一侧时,要注意倾斜天花板的消失点与整体室内空间的消失点不同。

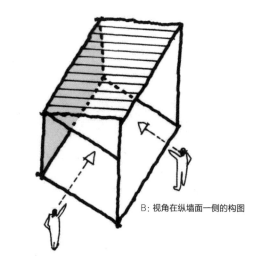

B:视角在纵墙面一侧的构图

A:视角在山墙面一侧的构图

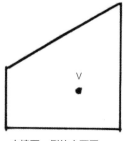

山墙面一侧的立面图

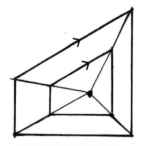

倾斜天花板的边线相互平行

1. 绘制内侧墙壁的立面图

根据第 54 页的图例,画出视角在纵墙面一侧的内侧墙壁立面图。

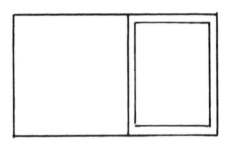

内侧墙壁的立面图

2. 确定房间的消失点

将消失点取在合适的人物视线高度上,构图会更自然。将消失点 V_1 与立面图各个顶点连接,做延长后画出地面、墙壁和天花板。但这时画出的天花板只是普通的水平天花板,还需要进一步调整,修改成倾斜天花板。

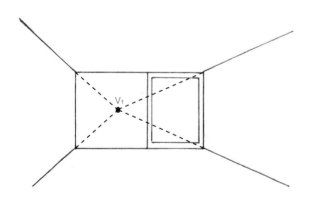

3.确定倾斜天花板的高度

任选左右侧墙壁,确定倾斜天花板的最高点 A。这里的高度没有具体要求,只需在与点 B 连接后比例合适即可。

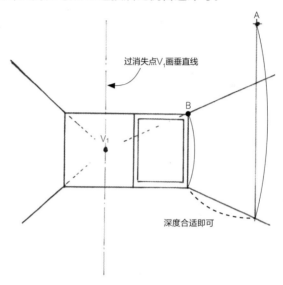

过消失点V₁画垂直线

深度合适即可

4.确定倾斜天花板的消失点,画出斜度

连接 A、B 点并画延长线,与过消失点 V₁ 的垂直线相交,得到的消失点 V₂ 为倾斜天花板的消失点。

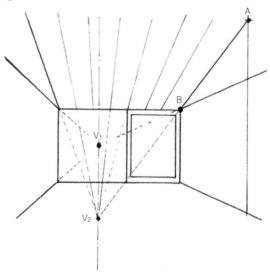

5. 绘制室内装饰

来画一个小厨房吧。先在地面上画出厨房的平面图,然后确定料理台的高度。料理台高度为 900 mm,右侧落地窗高度为 1800 mm。

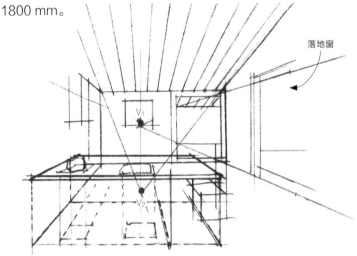

落地窗

6. 绘制摆件和天花板纹路,擦除辅助线

进一步绘制出电磁炉、调料瓶等小物件,以及壁画和照明灯具。此外,倾斜天花板纹路的消失点为 V_2,绘制后可进一步强调天花板的坡度。若把室外的景物也画出来,则更能衬托室内空间。

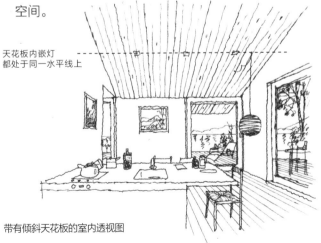

天花板内嵌灯
都处于同一水平线上

带有倾斜天花板的室内透视图

九、绘制圆形室内装饰

在透视图中直接绘制带有远近感的圆形是有一定难度的。若先绘制一个正方形的内切圆,在透视图中只需确定相切的四个点以及圆形与正方形对角线相交的四个点,便可绘制出一个正确的圆形。

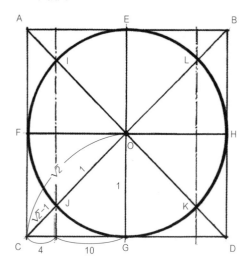

绘制圆形的技巧在于将半圆划分为4:10的比例,将这一比例应用至透视图中即可。

正方形的内切圆

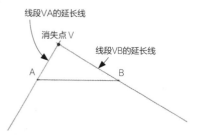

画出正方形的一条边 AB,确定消失点 V 的位置。

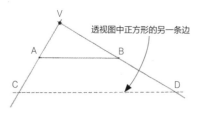

在透视图中画出内切圆外的正方形。线段 CD 的位置只要使平面 ABCD 呈正方形即可。

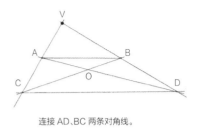

连接 AD、BC 两条对角线。

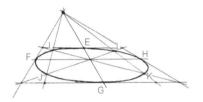

画出内切圆的内切点 E、F、G、H。

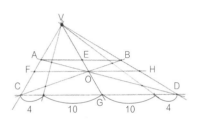

将线段 CG 与线段 GD 分别分割为 4 : 10。

确定对角线与分割线的交点 I、J、K、L。最后用平滑的曲线连接 E、L、H、K、G、J、F、I 八个点画出圆形。

设计有圆形下沉式沙发的客厅

用透视网格线图来辅助绘制

透视网格线图是一种在地面、天花板、左右侧墙壁、正面墙壁上都画有正方形网格线的绘图用纸。绘制透视图的深度、宽度以及高度是一大难题，但若将透视网格线图垫在图纸下方，根据图上的引导线绘制会很方便。即使没有参考对象，也可以轻松地在纸上画出脑海中的室内设计（可复印第 134 页的透视网格线图使用）。

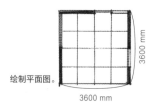

绘制平面图。

3600 mm

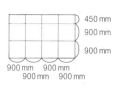

450 mm
900 mm
900 mm

900 mm   900 mm
    900 mm   900 mm

立面图用 900 mm 宽的正方形分割。

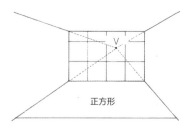

正方形

确定消失点后，将其与正面墙壁的各个顶点连接，接着画出使地面呈正方形的线，表现空间深度。

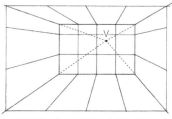

连接消失点与正面墙壁的分割线，并画出延长线。

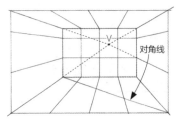

对角线

画出地面部分的对角线。

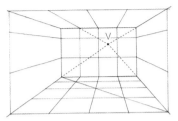

在对角线与地面纵线的交点处画平行线。

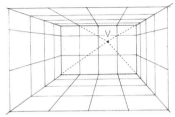

根据地面的网格线画出左右侧墙壁上的纵线，完成透视网格线图。

在透视网格线中画出室内空间的草图。

在描图纸上画出所表现的空间细节。

十、绘制简单的俯瞰透视图

我们平时绘制的室内透视图,多是以人物处于室内的视角来绘制的。本节则讲解以俯瞰的视角来绘制透视图的方法,其与利用剖面图绘制的方法相同(可参照第 22 页)。

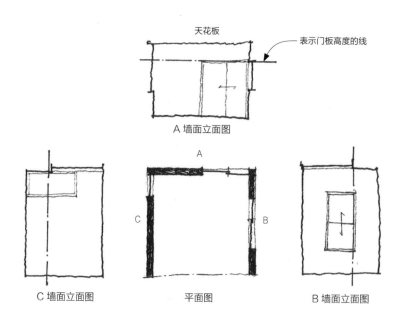

天花板

表示门板高度的线

A 墙面立面图

A

C

B

C 墙面立面图

平面图

B 墙面立面图

先画出没有家具的室内平面图,最好在展开的平面图中画出门窗轮廓等。

1. 确定平面图中的消失点位置

在平面图中确定消失点的合适位置。

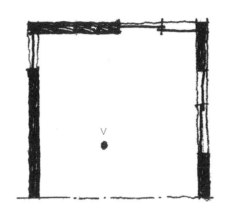

2. 将平面图各个顶点与消失点画线连接

3. 探讨地面位置和墙面高度

探讨地面位置和墙面高度时,根据自己所画透视图的表现目的,选择合适的位置。

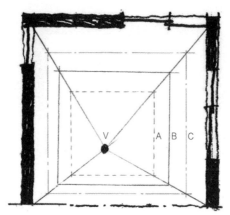

A 线:地面狭窄,墙面较高,空间较深较局促。
B 线:地面面积与墙面高度大小合理。
C 线:地面面积大,墙面较矮,难以突出墙面部分。

4. 确定地面位置

范例选择地面面积与墙面高度大小合理的 B 线。

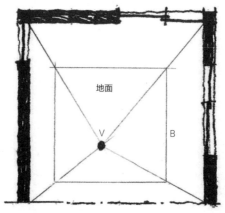

以 B 线为地面位置。

5. 确定推拉门的位置

接下来绘制推拉门。推拉门与房屋的消失点一致，所以先连接这一侧墙面的对角线，再将推拉门左上角与消失点画线连接，得到与对角线的交点。

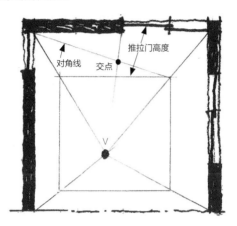

6. 画出门窗轮廓

推拉门占墙面一半的面积，所以交点位于墙面高度的中间位置。过交点画围绕四面墙壁且平行于地面的线，得出表示右侧墙壁上腰窗下端的线。

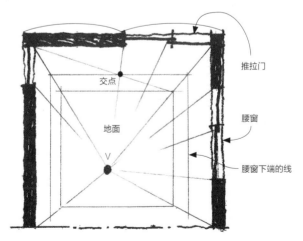

7. 绘制门窗

绘制出推拉门、腰窗和单侧窗。

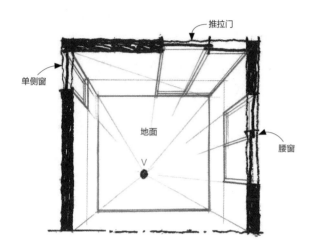

推拉门

单侧窗

地面

腰窗

V

8. 完成门窗绘制

画出门窗厚度以及部分细节。

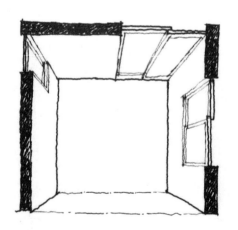

9. 绘制家具

先在腰窗下方的地面上画出收纳柜的平面轮廓,将其四角与消失点画线连接并画出延长线,最后画出表示收纳柜高度的线。

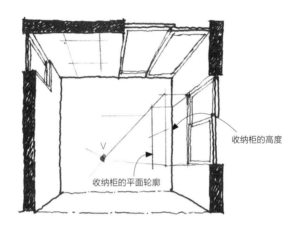

收纳柜的高度

收纳柜的平面轮廓

10. 绘制挂件和地板纹理,擦除辅助线

最后在图中画出细节,以及表现室内氛围的物品。

挂画

给收纳架画上抽屉和搁板

十一、绘制复杂的俯瞰透视图

来试着挑战一下,绘制集起居室、餐厅、厨房于一体的 LDK 空间的透视图吧。在俯瞰透视图中,厨房料理台、椅子、餐桌等的高度通过空间深度来表示,所以在绘制前要清楚各种家具的高度,例如,椅子通常高 450 mm,厨房料理台通常高 900 mm。

露台

茶几

椅子

厨房料理台

沙发

用俯瞰透视图来表现 LDK 空间平面图

1. 绘制平面图

首先绘制一个没有摆放家具的平面图,这一步骤与上一节相同(参考第 62 页)。

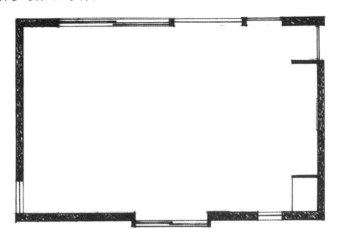

2. 确定消失点与地面位置

先确定消失点的合适位置,地面位置的选择方法与上一节相同(参考第 64 页),选择地面与墙面大小协调的 B 线。此外还有一个知识点请大家牢记,普通住宅的窗户上端高度多为 1800 mm。

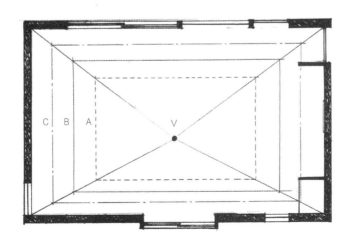

3. 将墙壁部分四等分

　　将左侧墙面的宽度四等分后,画一条与分割线相交的对角线,取得的三个交点用来确定上下两面墙高度,即空间深度四等分的基准点。

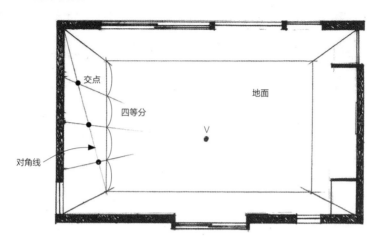

4. 绘制分割墙面高度的线

　　过交点画围绕四面墙壁的分割线。因为空间深度为1800 mm,所以四等分后各段间距为450 mm。

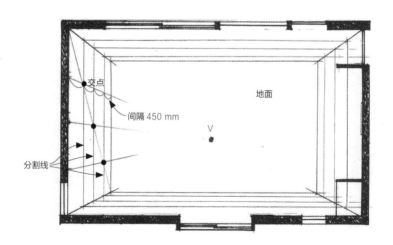

5. 绘制门窗

根据表示高度的分割线画出推拉门、腰窗等的草稿，并确认家具的高度。

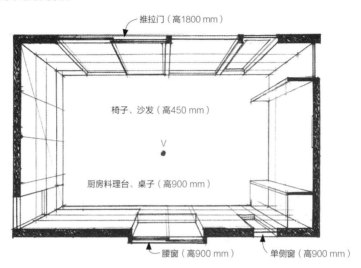

推拉门（高1800 mm）

椅子、沙发（高450 mm）

厨房料理台、桌子（高900 mm）

腰窗（高900 mm）　　单侧窗（高900 mm）

6. 绘制厨房料理台和家具的平面轮廓

根据 LDK 空间的平面图（参考第 68 页），画出厨房料理台和家具的平面轮廓。建议如下图所示用虚线表示。

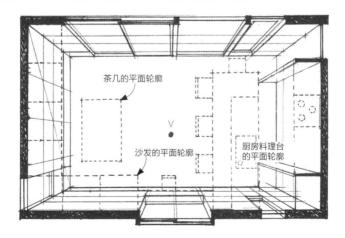

茶几的平面轮廓

沙发的平面轮廓

厨房料理台的平面轮廓

7. 将家具和露台与透视图中的地面部分相连

　　将家具的各角与消失点画线连接，并在连线上确定家具的高度。

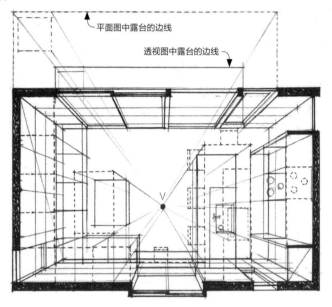

平面图中露台的边线

透视图中露台的边线

8. 给家具等描边

　　擦除家具等的草稿后，用制图笔给家具等描边。

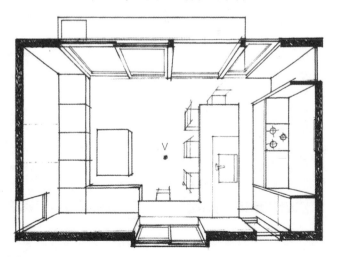

9.绘制小物件和绿植的草稿

给家具等描边后,画出小物件和绿植的草图。树木的消失点与室内空间的消失点一致。

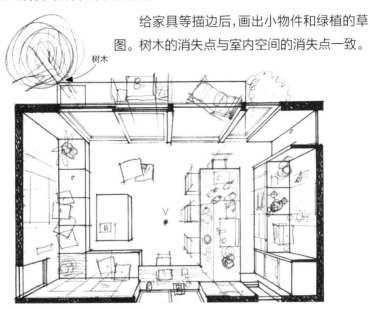

树木

10.画出小物件和地板纹理等细节便完成了

露台的木质甲板

观叶植物

木地板的纹理

厨房用品

挂画

LDK 空间的俯瞰透视图

可以转向使用的俯瞰透视图

　　俯瞰透视图的最大特征,是无论从哪个角度绘制或观看都没有问题。下列三张俯瞰透视图内容是相同的,只是方向不同。每一张图看起来都没有错误,且可以帮助我们理解空间结构。所以在方案展示时用俯瞰透视图的话,排版可以更加灵活。

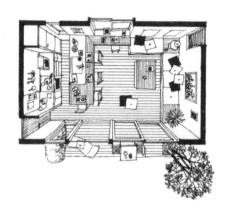

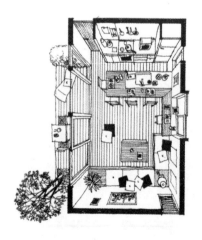

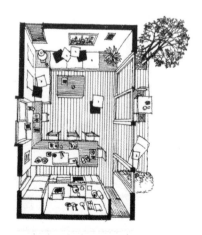

第三章

绘制室内轴测投影图

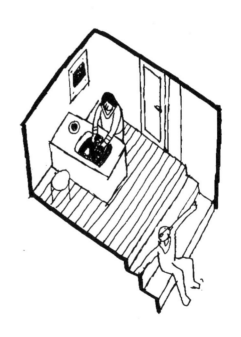

一、画图前的准备

　　在绘制室内设计的效果图时,必须画出能展现内部空间的画面。轴测投影图主要通过平面图和立面图来展现空间,所以必须依照平面图绘制出立面图以表现室内墙面。

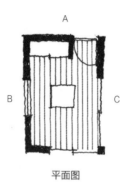

平面图

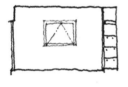

B 墙面立面图

A 墙面立面图

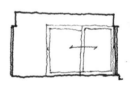

C 墙面立面图

什么是立面图

表现建筑外观和室内墙面的图可以被称为立面图。因为房间都呈四边形，所以其立面图由东西南北四个方向的图组成，例如，房间中东侧墙面的立面图被称为东立面图。下列的平面图中省略了南面，只展现出了正面与左右两侧墙面的立面图。

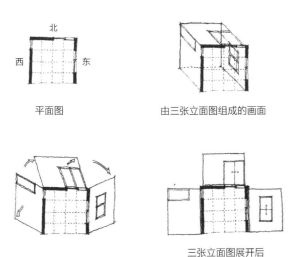

平面图

由三张立面图组成的画面

三张立面图展开后

展开后的立面图可以表现出门窗的位置和大小等，还可以用框线表现门窗框的宽度。在建筑物的立面图中可以运用上述方法表现门框宽度，但在室内设计图中也可以仅画出一个四边形来表示。

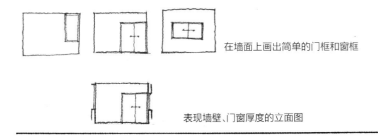

在墙面上画出简单的门框和窗框

表现墙壁、门窗厚度的立面图

二、从平面图和立面图开始绘制轴测投影图

通过平面图绘制轴测投影图时,有将空间高度向上画和向下画两种方式。具体选择哪种画法可以根据平面图中的信息量来决定。

以地面上摆放有家具的平面图为例,新手通常更容易掌握这种将表示空间高度的线向上画的方法。但若画面里要素过多,绘制时草稿线条会越画越多,多个线条交叉在一起,画起来更复杂。

当平面图上没有绘制其他物体时,将表示空间高度的线向下画会更轻松。但这一方法需要积累一定的经验,才能掌握向下绘制墙壁的技巧。

此外,我们还可以通过画出立面图的深度,来完成轴测投影图。

1. 通过平面图绘制

(1)高度线向上画时:绘制轴测投影图时,平面图的放置角度虽然没有限制,但最好为 45° 和 45° 或 30° 和 60°。

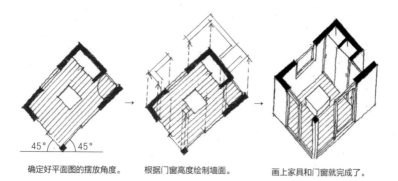

| 确定好平面图的摆放角度。 | 根据门窗高度绘制墙面。 | 画上家具和门窗就完成了。 |

（2）高度线向下画时：这是一种适用于对绘制轴测投影图有经验的人的方法。平面图的放置角度同样没有具体限制。

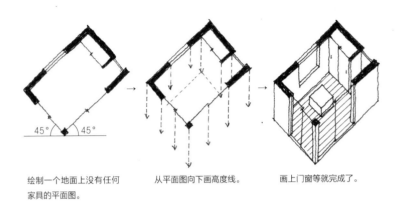

绘制一个地面上没有任何家具的平面图。

从平面图向下画高度线。

画上门窗等就完成了。

若不绘制室内空间，仅绘制一把座椅的话，则以椅面为基准向下画出椅脚，向上画出椅背即可（参考第 115 页）。

2. 通过立面图绘制

这是使用投影图中的一类即斜等轴测图（参考第 7 页）来绘制室内空间的例子。首先画出立面图，然后画出表示空间深度的平行线，紧接着画出地面和另一面墙壁。放置角度随意，但尽量为 30° 或 45°。

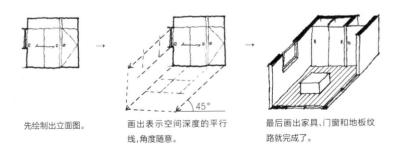

先绘制出立面图。

画出表示空间深度的平行线，角度随意。

最后画出家具、门窗和地板纹路就完成了。

三、从平面图开始向上绘制

绘制从平面图向上画线的轴测投影图。因为在平面图中已经画出了家具的位置,所以在绘制高度时只需要从地面向上画线。

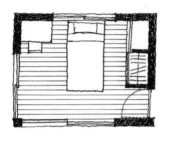

绘制室内空间的高度时可以参考第 94 页。

平面图

1. 平面图的放置角度为 45°

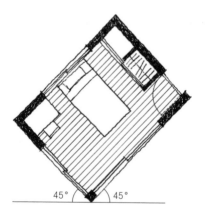

45°　　45°

2. 绘制墙壁、门窗、家具的高度线

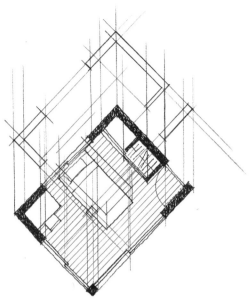

3. 绘制墙壁与门窗

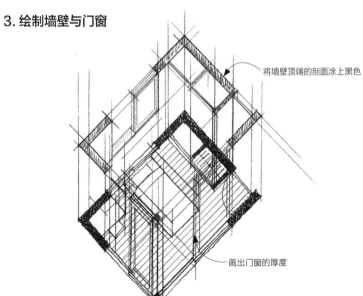

将墙壁顶端的剖面涂上黑色

画出门窗的厚度

4. 覆盖描图纸

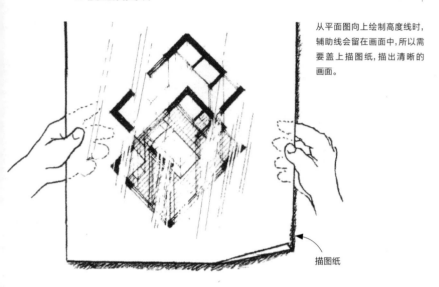

从平面图向上绘制高度线时，辅助线会留在画面中，所以需要盖上描图纸，描出清晰的画面。

描图纸

5. 用制图笔描线

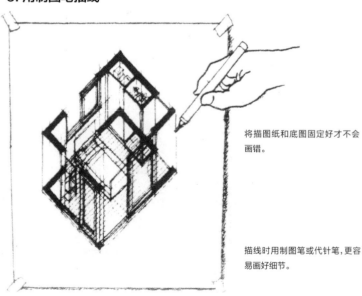

将描图纸和底图固定好才不会画错。

描线时用制图笔或代针笔，更容易画好细节。

6. 去掉底图,留下描图纸

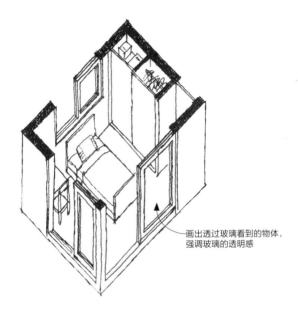

画出透过玻璃看到的物体,
强调玻璃的透明感

7. 画出家具等的细节

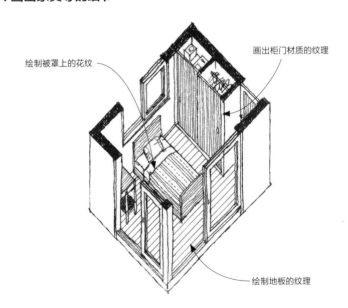

绘制被罩上的花纹

画出柜门材质的纹理

绘制地板的纹理

四、从平面图开始向下绘制

首先绘制出没有画出家具轮廓的地面平面图，随后将表示空间高度的垂线向下画。因为平面图中要素较少，所以绘制墙壁更容易。但在确定好地面位置后，最好画上家具、门窗等的轮廓。

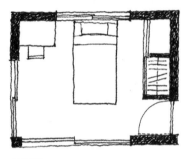

平面图中表示墙面顶端开口处的高度，与表示门窗顶端部分的高度一致（参考第94页）。

平面图

1. 平面图的摆放角度为 45°

首先绘制出没有画出家具轮廓的地面平面图。

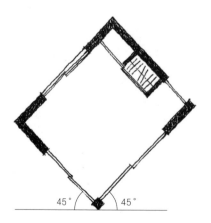

45°   45°

2. 确定墙壁和门窗的高度

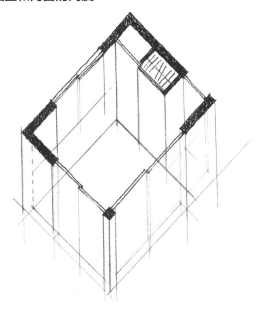

3. 绘制门窗的细节

除绘投影门窗的细节外,再画出家具的平面图。

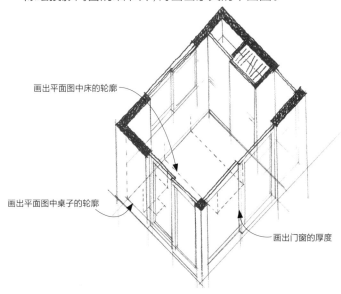

画出平面图中床的轮廓

画出平面图中桌子的轮廓

画出门窗的厚度

4. 绘制家具

画出家具的高度。

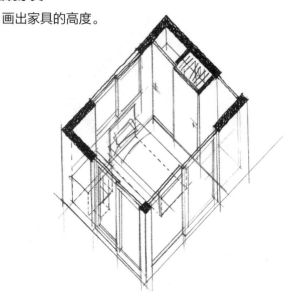

5. 用制图笔描图

将高度线向上画时，底图中会留下大量需要擦除的辅助线，所以在描图纸上描画更方便（参考第82页）。但向下画时，画面中辅助线较少，可以直接描图再擦除辅助线。

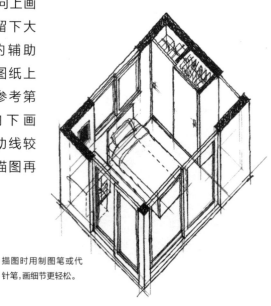

描图时用制图笔或代针笔，画细节更轻松。

6. 擦除草稿

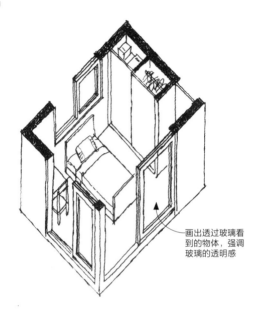

画出透过玻璃看
到的物体，强调
玻璃的透明感

7. 画出家具等的细节

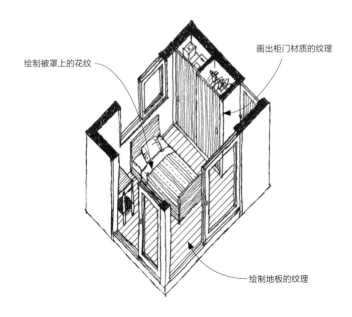

绘制被罩上的花纹

画出柜门材质的纹理

绘制地板的纹理

五、从立面图开始绘制

本节的画法，是根据立面图画出空间深度线的斜等轴测图。画面视角随深度线角度的变化而改变，角度越小视角越低，角度越大视角越高。

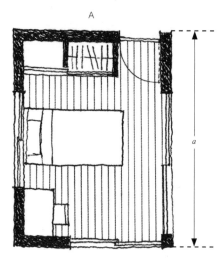

平面图

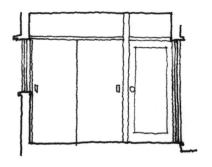

A 墙面立面图

1. 根据立面图画出深度线后确定门窗和墙壁的高度

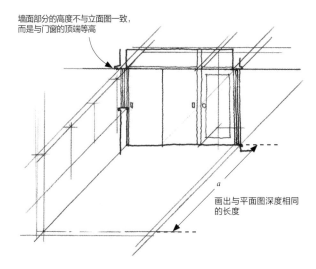

墙面部分的高度不与立面图一致，而是与门窗的顶端等高

a

画出与平面图深度相同的长度

2. 在顶端画出墙壁与门窗的厚度

除画出墙壁与门窗的厚度外，也要画出家具的轮廓。

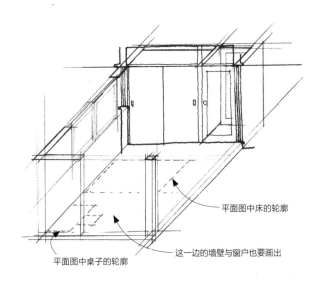

平面图中床的轮廓

这一边的墙壁与窗户也要画出

平面图中桌子的轮廓

3. 画出门窗与家具的宽度、高度、深度

根据平面图中的尺寸,画出门窗和家具的宽度、高度、深度。

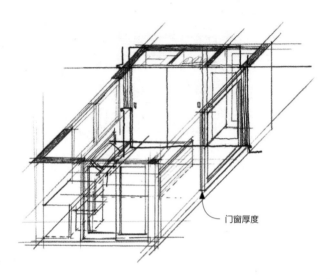

门窗厚度

4. 擦除多余的辅助线

若草稿中辅助线过多,建议用描图纸描画。

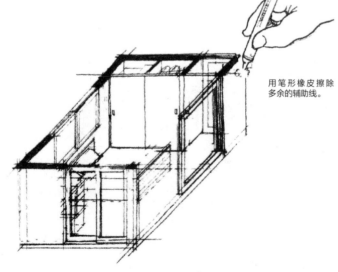

用笔形橡皮擦除
多余的辅助线。

5. 覆盖描图纸，描画出清晰的画面

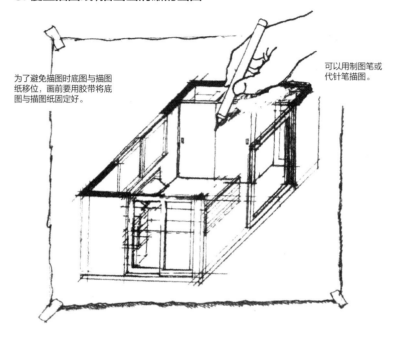

为了避免描图时底图与描图纸移位，画前要用胶带将底图与描图纸固定好。

可以用制图笔或代针笔描图。

6. 画出家具等的细节

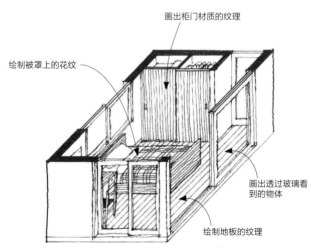

画出柜门材质的纹理

绘制被罩上的花纹

画出透过玻璃看到的物体

绘制地板的纹理

六、确定轴测投影图角度的方法

从平面图向上画出高度线的轴测投影图，可以自由改变平面图的放置角度。但要注意，角度改变，构图也会改变，所以需要结合自己想要表现的部分调整角度。

A面与B面相等

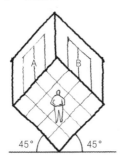

当左右侧夹角都为45°时，能使A面、B面的面积相等。

A面大于B面

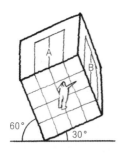

当靠近A面的夹角为60°，另一侧的为30°时，A面看起来比B面大，强调A面。

A面小于B面

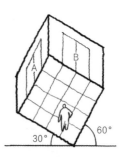

当靠近A面的夹角为30°，另一侧的为60°时，A面看起来小于B面，强调B面。

七、建议将高度线垂直绘制

　　在绘制轴测投影图时,若将平面图的各边与画纸纸边平行或垂直,画出的高度线则会是倾斜的,难以辨认画面内容。我们通常认为表现物体高度都是用垂直的线条,所以建议大家按照常规的表现形式来画。

　　以下图为例,比较将高度线倾斜绘制和垂直绘制的画面的不同,我们可以清楚地感受到,不论是桌子还是餐具,垂直绘制的画面更符合人眼观看习惯。

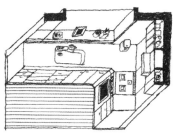

将高度线倾斜绘制的厨房。

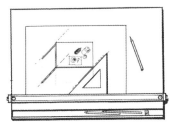

在绘制时,斜着画高度线也很麻烦。

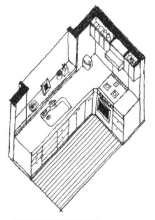

将高度线垂直绘制的厨房。

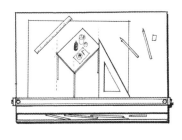

在绘制时,垂直画高度线更容易。

八、平面图如从住宅上方切开一般

在绘制轴测投影图时,会以画有门窗等开口位置的平面图为基础,这时剖面切口处的高度应与门窗的顶端一致。若剖面高度紧贴天花板,则会画出挡烟垂壁等,无法清楚表现屋内与屋外的联系。

一般情况下,绘制时以从地面起 1~1.5 m 高的位置为剖面切口。若平面图中没有画门窗等,最好在立面图中画出,使剖面切口处高度与门窗高度一致。

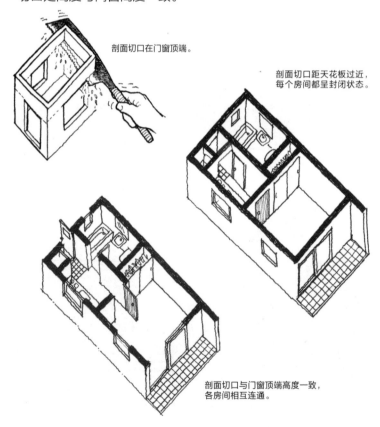

剖面切口在门窗顶端。

剖面切口距天花板过近,
每个房间都呈封闭状态。

剖面切口与门窗顶端高度一致,
各房间相互连通。

九、高度的缩小补偿比例为 80%

　　轴测投影图中物体的深度、宽度、高度若根据物体的实际比例尺来绘制，看起来会大于实际尺寸。

　　因此，需要通过缩小补偿来使绘制的物体更自然，补偿比例为 80%。但通过这个比例画出的图，无法根据比例尺测出准确的尺寸。所以在绘制前要考虑好，是注重视觉效果，还是注重实际尺寸的精确。

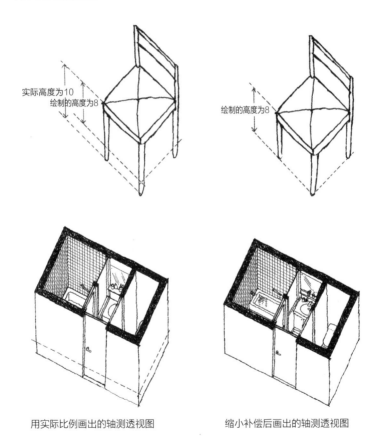

实际高度为10
绘制的高度为8

绘制的高度为8

用实际比例画出的轴测透视图　　　　缩小补偿后画出的轴测透视图

轴测投影图与正等轴测图

　　轴测投影图与正等轴测图都是投影图的一种,轴测投影图绘制方法简单,所以本书对其进行主要讲解。轴测投影图可以直接通过平面图画出,但正等轴测图需要将平面图修改为菱形后再绘制,比较耗时。

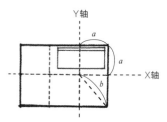

绘制有沙发轮廓的平面图。

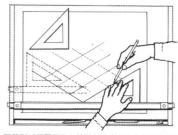

画菱形时用平行尺和特殊角的直角三角板更易绘制。

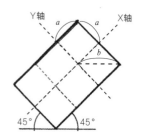

轴测投影图的尺寸与平面图相同。

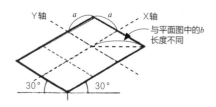

正等轴测图中只有 Y 轴与 X 轴的尺寸与平面图一致。

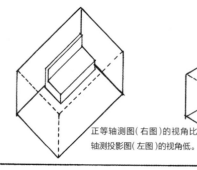

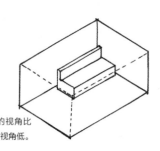

正等轴测图(右图)的视角比轴测投影图(左图)的视角低。

用轴测投影图表现室内布局

在绘制好轴测投影图中的各式家具后,便会发现一个有意思的现象。

首先设计好一个房间的平面图,并画出空房间的轴测投影图,随后剪下之前画好的各式家具摆放在轴测投影图中,我们就能不断改变房间布局,得到多种方案。

要注意的是,家具的角度和尺寸要与房间的一致,并且,有些家具只能使用特定的角度。像这样灵活使用轴测投影图,就能轻松得出多种设计方案。

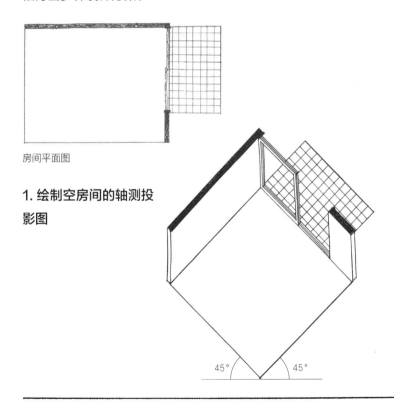

房间平面图

1. 绘制空房间的轴测投影图

2. 绘制家具的轴测投影图

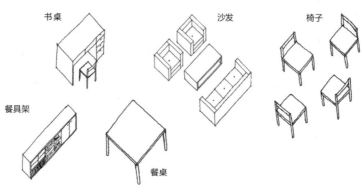

书桌　　　　　　　　沙发　　　　　　椅子

餐具架

餐桌

家具的放置角度与房间的一致,为45°。

3. 剪下画好的家具后摆放在轴测投影图中

要注意家具的摆放角度,若角度和比例尺不一致,设计出的空间一定是不合理的。

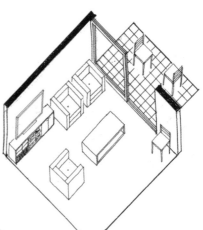

4. 画出细节

绘制出木地板的纹路以及摆件等就大功告成了。

第四章

绘制背景与装饰物

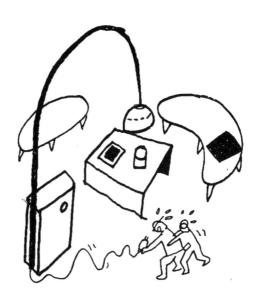

一、衬托室内装饰的室外景物

在绘制室内透视图时,很多人可能会认为其与庭院或室外景观无关,但事实并非如此。应该说,室外的景物更能衬托室内空间,在图中画出露台和庭院景观能使画面更丰富。另外,窗玻璃部分一定要表现出透明感,这样空间会显得更宽敞。

轴测投影图中的树木与房间的绘制角度相同。

1. 表现玻璃透明感的透视图

画出透过玻璃看到的庭院风景,画面的开放感便展现了出来。

2. 窗帘和卷帘遮住玻璃的透视图

窗帘和卷帘遮住部分玻璃后,窗外庭院的景色若隐若现,突显了空间深度。

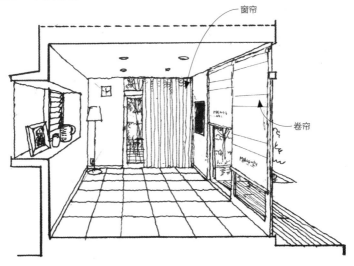

窗帘

卷帘

二、绘制室外风景

从室内可以看到室外的庭院、道路、绿植，甚至邻居家的院子等景物。对于不擅长绘制这些景物的人来说，可以先找自己喜欢的庭院照片来临摹。此外，还可以用组合法，事先画出几张比例合适的庭院景物图，然后将图纸中窗玻璃的部分剪掉，把不同的景物图放在玻璃的位置，组合出不同的画面。

1. 庭院景物图

透视图中的树木，要符合从侧面看的视角。

简化图

详细绘制的图

2. 使用组合法绘制室外风景

（1）剪掉透视图中玻璃的部分。

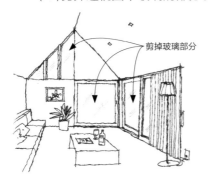

剪掉玻璃部分

以喜欢的庭院照片为蓝本，画出比例
合适的庭院景物图。

（2）将庭院景物图放在透视图后方。

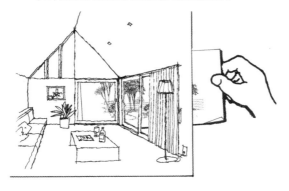

（3）将两张图一起复印后，就成一幅图了。

三、绘制表现真实感的细节

建筑是由多种材料与构件组成的。例如,窗户不只有玻璃一个部分,还需要在图中画出窗框以及窗框的厚度。若能画出这些门窗的细节部分,画面会更具真实感。

特别是在透视图和轴测投影图中,一定要正确理解门窗部分的结构,并将其表现出来。

1. 错误案例

没有表现出窗户的滑槽,也没有画出窗户的厚度。

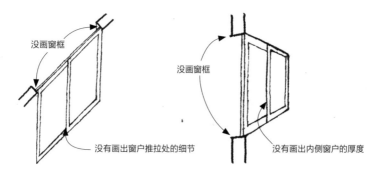

没画窗框

没画窗框

没有画出窗户推拉处的细节

没有画出内侧窗户的厚度

2. 正确案例

如下例,画出了墙壁与窗框的厚度差,为 3~5 mm(参考第 19 页)。此外,窗框与滑轨还有防风的凹槽设计。

表现出墙壁与窗户相接部分的细节。

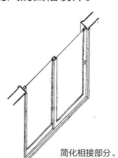

简化相接部分。

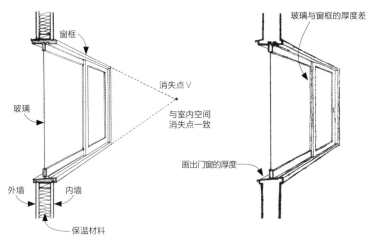

窗框

玻璃与窗框的厚度差

消失点 V

与室内空间
消失点一致

玻璃

画出门窗的厚度

外墙　内墙

保温材料

用尺规画出墙壁的剖面透视图。

徒手画出墙壁的剖面透视图。

画出门窗等部分与整个房间连接细节的剖面透视图。

四、绘制透视图中的装饰物

在透视图中绘制装饰物可以增强透视图的空间感,还有助于理解透视图的空间关系,增加现实感。

本节主要介绍了人物、生活用品、树木等装饰物的绘制技巧。

1. 绘制人物

在绘制人物时,先画出六个正方形的辅助框,再依次画出轮廓和造型细节。

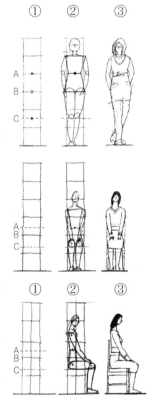

人物正面画法

①首先画出 6 个叠放的正方形,确定人物的高度。A 点为腰部,B 点为胯部,C 点为膝盖。假设一个正方形边长为 30 cm,人物身高则为 180 cm,那便以 1∶100 的比例来进行练习吧。

②然后根据确定的位置,大体画出人物的头部、胸部、腰部、胯部及其腿部的轮廓。若想画出不同的体态,只需将各部位稍做调整便可。

③最后画上衣物和配饰,以及人物的表情,会更具真实感。

人物侧面画法

①在室内透视图中,会经常画坐在椅子上的人物。其画法与人物正面画法基本相同。A、B、C 三点分别为腰部、胯部、膝盖。

②大致画出人物的头部、胸部、腰部、胯部及其腿部的轮廓,并做一些调整,人物的头部和胸部向前倾。

③若能画出人物的表情、帽子、眼镜等细节,看起来会更加真实。

2. 将人物添加到透视图中

在绘制透视图中的人物时,若不能将其以正确的大小画在正确的位置上,则会打破画面的远近感,而且这一问题不仅仅限于人物,其他物体绘制错误也同样如此,但人物在画面中更显眼,所以一旦画错便会很明显。

此外,现实中人物的身高各有不同,但绘制时只需以平均身高表现在画面中即可,既容易绘制,又能轻松表现出画面的空间关系。但要注意,应画出成年人与儿童的身高差异。

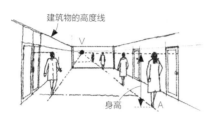

消失点位于视线高度上

当消失点与画面中的视线高度一致时,人物的头部位置则都处于同一视线高度线上。线段 AV 与过消失点水平线间的距离为 A 点处人物的身高。

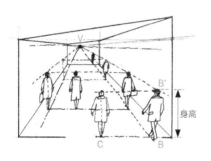

消失点高于视线高度

线段 BV 与线段 B'V 间的距离是 B 点处人物的身高,即使平移到 C 点后身高也不变。

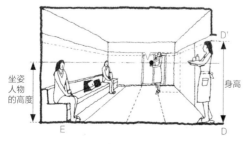

有多个视线高度的情况

D 点处站立的人物,其视线高度高于消失点,身高为线段 DV 与线段 D'V 间的距离。而 E 点处坐着的人物,其视线高度与消失点平行,身高为过消失点水平线与线段 EV 间的距离。

3. 绘制生活用品

　　为了增添室内透视图的生活气息，生活用品不可缺少。平时多观察生活中的小物件，在绘制时便可信手拈来。

　　绘制的要点是，原则上生活用品等小物件的消失点与室内空间的消失点相同。

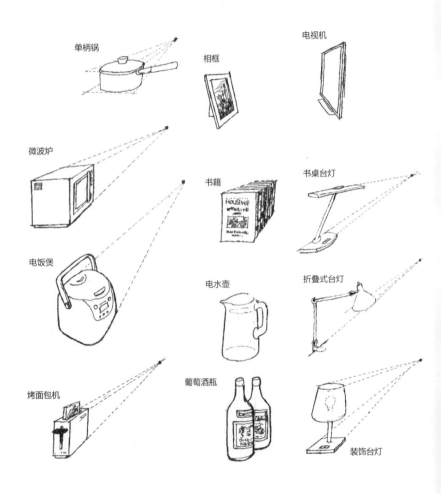

（1）日式落地灯的画法。

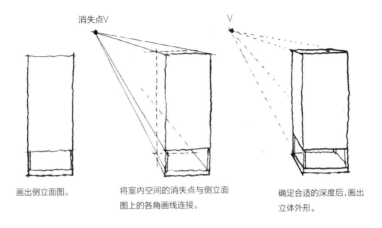

消失点V

V

画出侧立面图。　　将室内空间的消失点与侧立面　　确定合适的深度后，画出
　　　　　　　　　图上的各角画线连接。　　　立体外形。

（2）普通落地灯的画法。

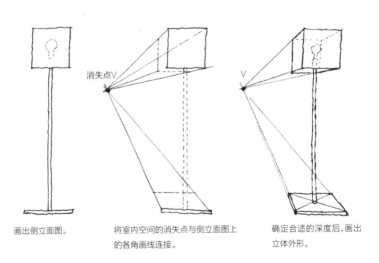

消失点V

V

画出侧立面图。　　将室内空间的消失点与侧立面图上　　确定合适的深度后，画出
　　　　　　　　　的各角画线连接。　　　立体外形。

4. 绘制树木和观赏植物

　　在透视图中绘制盆栽植物的要点在于,室内空间的消失点与盆栽植物的消失点相同。

　　此外,若在透视图的近处绘制观叶植物,要清晰画出每一个叶片,在远处则简略地画出植物及其叶片,这样做能增强空间的远近感。

画有观叶植物的室内透视图。

树形的画法:树木、观叶植物与人的绘制方法一样,用轮廓相近的图形简化绘制就没有难度了。

侧面看到的树木。

用梯形简化轮廓。

先画出树干。

绘制上下两个圆形。

画出树枝。

画出与圆形连接的枝条。

将小枝条延伸。

擦除辅助线。

画出树叶便完成了。

五、绘制轴测投影图中的装饰物

在绘制轴测投影图中的装饰物时,可以先画出与物体轮廓相近的几何图形,以此为基础逐步画出装饰物,这样更容易掌握物体比例。

1. 绘制人物

在绘制透视图时我们使用的是正方形。而在绘制轴测投影图时,我们只需要将其改为长方体,在长方体中依次画出轮廓和造型细节。要注意长方体的倾斜角度与室内空间的角度一致。

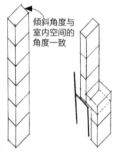

如图所示,将 6 个长 15 cm、宽 30 cm、高 30 cm 的长方体叠放在一起,并以 1:100 的比例绘制练习。

以长方体为基础,画出人物的基本姿态。

画出人物的发型和衣着。

不需要将表情画得太细致。

2. 绘制生活用品

在室内透视图中生活用品和家具是重要的表现要素。它们不仅能表现出室内空间的生活气息，还有助于我们理解空间结构，说明空间用途。

这里列举了一些常见生活用品和家具的轴测投影图画法，如柜子之类的家具，可以在画出平面图后绘制高度线，最后画出抽屉和搁板。

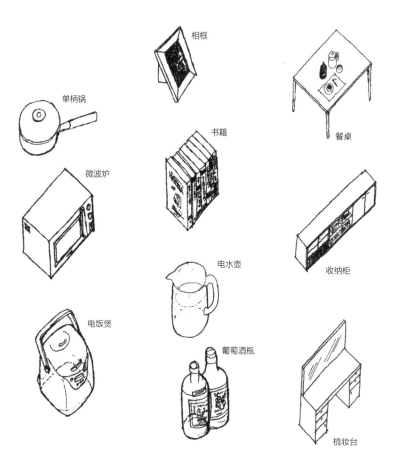

相框

单柄锅

书籍

餐桌

微波炉

电水壶

收纳柜

电饭煲

葡萄酒瓶

梳妆台

（1）收纳柜中小物件的画法。

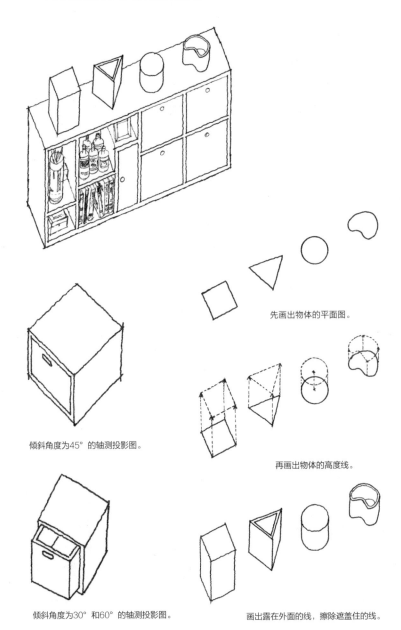

先画出物体的平面图。

倾斜角度为45°的轴测投影图。

再画出物体的高度线。

倾斜角度为30°和60°的轴测投影图。

画出露在外面的线，擦除遮盖住的线。

（2）椅子的画法。

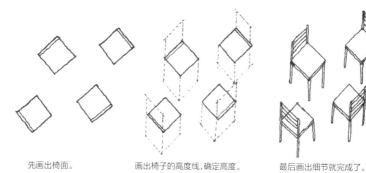

先画出椅面。　　　　　　画出椅子的高度线,确定高度。　　　　最后画出细节就完成了。

（3）书桌的画法。

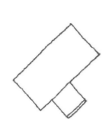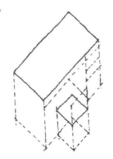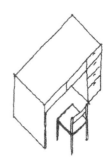

先画出桌面。　　　　　　然后确定书桌及椅子、椅背的　　　最后画出细节就完成了。
　　　　　　　　　　　　高度。

（4）圆柱体台灯的画法。

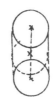

先画一个圆形平面图。　　然后确定灯体高度。　　接着画出灯罩的　　最后画出细节就完
　　　　　　　　　　　　　　　　　　　　　高度。　　　　成了。

3. 绘制树木和观赏植物

　　树木和观叶植物的绘制方法与人物的画法相同。用相近的长方体替换后，根据轴测投影图的视角，逐一画出物体的形状。

先画出植物侧面的形状。

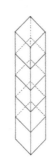

然后画出纵向放置的长方体，有助于把握比例。

最后以长方体为基础，画出细节部分。

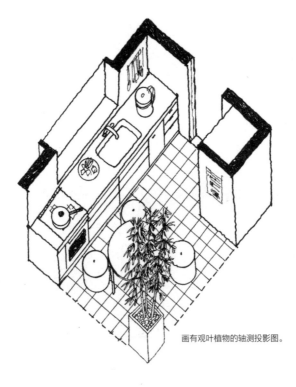

画有观叶植物的轴测投影图。

4. 平时多绘制各类植物的轴测投影图

绘制的基本方法与将各式家具布置在空房间的轴测投影图一样（参照第 97 页），绘制好多种植物的轴测投影图，将其剪下后可以布置在轴测投影图中看效果。但要注意植物的比例和摆放角度与室内轴测投影图保持一致。

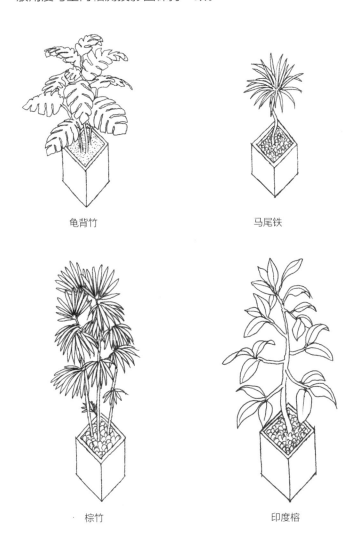

龟背竹

马尾铁

棕竹

印度榕

第五章

透视图上色

一、易上手的彩铅上色

　　彩铅是很多人从小就开始使用的上色工具,非常适合绘制线和细节部分,但不适合大面积的上色。本节将介绍两种上色方法,供大家学习。

1. 画材与画具

　　● 彩铅(12~24 色):颜色越多,细节表现得越丰富。

　　● 普通纸、素描纸、肯特纸:用纸可以根据个人喜好选择。

彩铅

　　● 遮盖工具:根据需要,准备笔形橡皮(参考第 125 页)、留白笔等工具,避免上色时颜色重叠。

2. 上色方法

　　● 手绘上色。大面积上色时,笔芯粗一点,倾斜握笔,多次平涂上色,运笔方向保持一致。

倾斜握笔,多次轻涂
上色。

将不同颜色进行混色。

　　● 使用尺规上色。用尺规画出数条线,再由线变为面,通过改变线条密度,表现色彩浓淡。

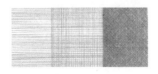

错误案例,运笔方向不一致,线条杂乱,颜色
不均。

（1）从浅色部分涂起：倾斜握笔，反复多次轻涂，颜色会更均匀。这里不仅给墙壁上色，还画出了天花板和地板的底色。

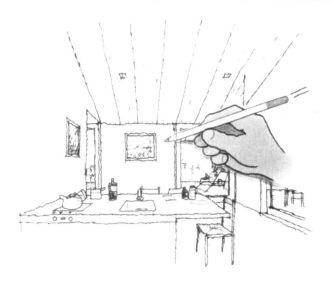

（2）给天花板和地板的阴影部分涂上深色：用深色彩铅进行混色，表现出天花板和地板的阴影部分。

线条方向与木纹方向一致

越往下天花板部分颜色越深

（3）给窗框和室外风景上色。

越远处地板颜色越深，强调远近感

（4）准备遮盖板：自己可以用画纸或硬卡纸剪一个遮盖板，在绘制时将绘制好的部分盖住，露出需要画的部分。

（5）使用遮盖板绘制玻璃：一边用遮盖板盖住窗框和屋顶部分，一边给玻璃上色，可以轻松画出玻璃的透亮感。

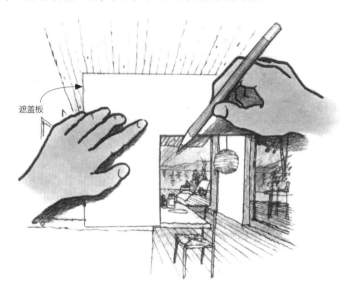

遮盖板

（6）给椅子和摆件等上色。

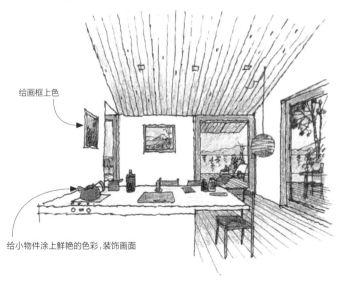

给画框上色

给小物件涂上鲜艳的色彩，装饰画面

二、简单的彩铅与色粉笔上色

接下来我们在彩铅上色的基础上，开始试着用色粉笔来上色。色粉笔是用粉末颜料制成的干粉笔，常用于彩色素描中，画出的线条可以晕染开，也可以用橡皮擦除。本节介绍的是，用小刀削出色粉笔的粉末后，用棉球蘸着涂色的方法。用这一方法，谁都能给大片区域快速、均匀地上色。

1. 画材与画具

块状色粉笔　　　　笔状色粉笔

因为我们要削出粉末，所以使用块状色粉笔。色粉笔可分为油性和软性，我们在这里使用软性的块状色粉笔。

彩铅

12~24 色。颜色越多色彩表现越丰富。

美工刀（30° 角）

在削色粉笔、切割遮盖板、裁切原画画面时，我们可以用 30° 或 45° 角的美工刀。刀尖锐利的 30° 角美工刀，适合用来裁切画纸的细节部位。

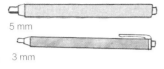

5 mm

3 mm

笔形橡皮

按压式笔形橡皮非常适合清理细节部位。若只有普通橡皮，则可以将其切成合适的形状使用。

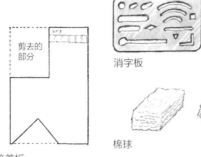

剪去的部分

消字板

刻有各种形状（小洞）的不锈钢板，可以轻松擦掉想要擦除的部分。

棉球

将药店买到的棉球裁切后，就可以蘸着色粉笔的粉末上色了。

遮盖板

将不用的明信片或硬卡纸剪成合适的形状，制成遮盖板。如果还备有纸胶带的话，画起来会更方便。

原画（透视图）的复印件

试涂

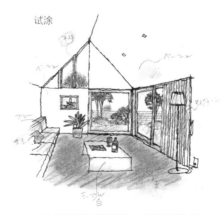

在上色前将原画复印两份。一份用来试涂，另一份用作遮盖板。作为遮盖板使用的复印件，可以用彩色复印机修改为其他颜色（例如红色）。

2. 上色方法

（1）将色粉笔削出粉末。

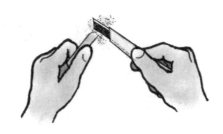

（2）用棉球蘸取粉末上色。

从大面积的浅色区域涂起。

（3）擦除多余的部分：将多余的部分擦掉，细节处可以用笔形橡皮擦除。

（4）给地板上色：上色
前用遮盖板盖住已经上色的
部分，这样就不会重复上
色了。

（5）一边擦除多余的部分，一边仔细上色。

（6）用彩铅给室外景物以及家具等上色。

（7）用美工刀裁切原画复印件中玻璃的部分，做出遮盖板。

（8）在原画上覆盖遮盖板。

挖出玻璃部分的遮盖板

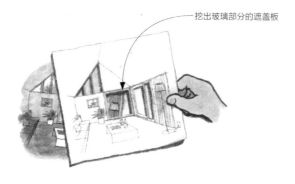

（9）给玻璃部分上色：给
已经完成上色的室外景物涂
上淡蓝色。

为了防止上色时原画和遮盖板
移位，最好将其用胶带固定。

（10）去掉遮盖板。

（11）上色完成。

三、较难的马克笔上色

　　用酒精性马克笔上色，可以营造出如多层彩色玻璃纸重叠般的色彩。由于其是液体颜料，有一定的挥发性，即使涂上多种颜色也会很快干燥，但同时也要注意颜料的渗透性，有时颜色会渗透到纸背上。

1. 画材与画具

　　● 酒精性马克笔：颜色种类多，色彩鲜亮，有透明感且易干，可以通过改变笔尖的角度创造多种上色方式。

　　● 肯特纸、马克笔专用纸：较薄的普通纸张或吸水性强的绘图用纸很有可能会增强液体颜料的渗透性，使颜色晕染开，所以在画前一定要在不同的纸上试试。

　　● 遮盖板：为了防止颜色混在一起，一定要准备遮盖板（参考第125页）。

酒精性马克笔组合

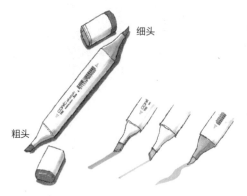

细头

粗头

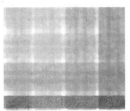

酒精性马克笔的混色

像多层彩色玻璃纸重叠后的颜色，极富透明感。

涂一层色 涂两层色 涂三层色

浓淡表现。通过颜色的重叠表现出色彩的浓淡。

2. 上色方法

（1）画前试涂，确定色调。

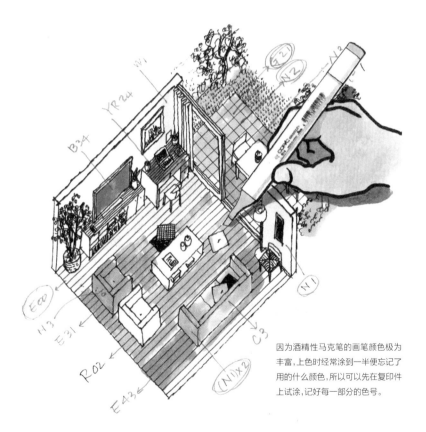

因为酒精性马克笔的画笔颜色极为丰富，上色时经常涂到一半便忘记了用的什么颜色，所以可以先在复印件上试涂，记好每一部分的色号。

（2）给墙面和地板涂上底色：
原则上来说，这一部分要从浅色
涂起。

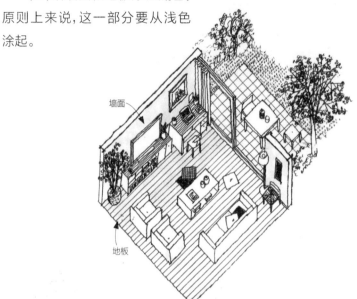

墙面

地板

（3）给家具和绿植涂上底色。

电视柜

草坪与树木

沙发

（4）给阴影部分涂上深色：
各类家具侧面的阴影部分，要再
上一遍色，增加立体感。

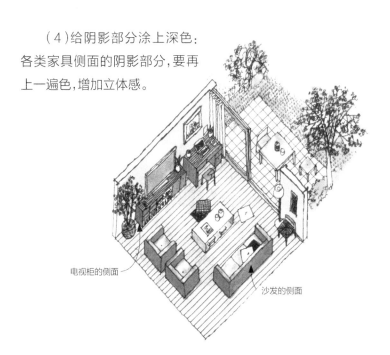

电视柜的侧面

沙发的侧面

（5）给小物件上色：
给室内的小物件涂上鲜
艳的颜色，其就能更好地
装饰室内空间了。

给玻璃涂上淡蓝色

给树木涂上深
绿色阴影

练习模板

（练习用透视网格线图）

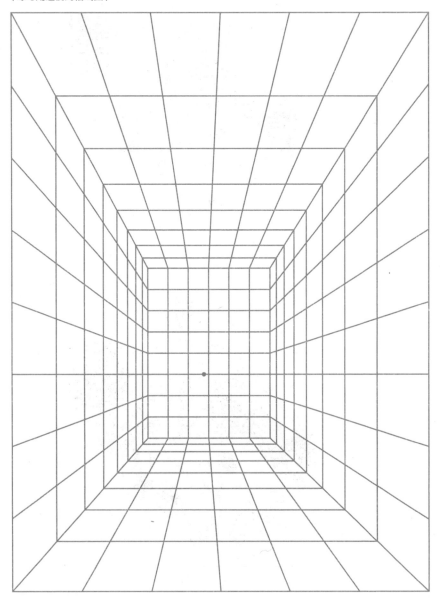